1 Zentrische Streckung und Ähnlichkeit

2 Exponentialfunktion und Exponentialgleichung Wachstumsvorgänge

3 Daten und Zufall

4 Trigonometrie

5 Trigonometrische Funktionen

1 Verkleinere bzw. vergrößere die abgebildete Figur im angegebenen Maßstab.

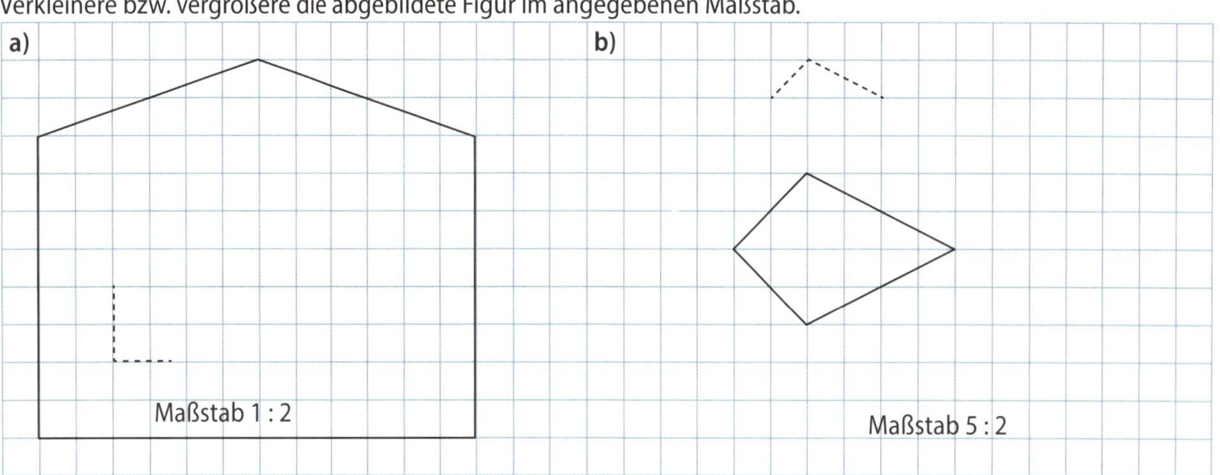

2 Das Brandenburger Tor ist bei Besuchern sehr beliebt. Viele Geschäfte bieten Modelle des Tors in verschiedenen Größen an. Ergänze in der Tabelle die fehlenden Angaben.

Maßstab	1 : 75	1 : 25		1 : 100	
Höhe	34,7 cm		260 cm		
Länge	83,3 cm				125 cm
Breite		44 cm			

3 Die Abbildung zeigt die Skizze eines Autos im Maßstab 1 : 30.

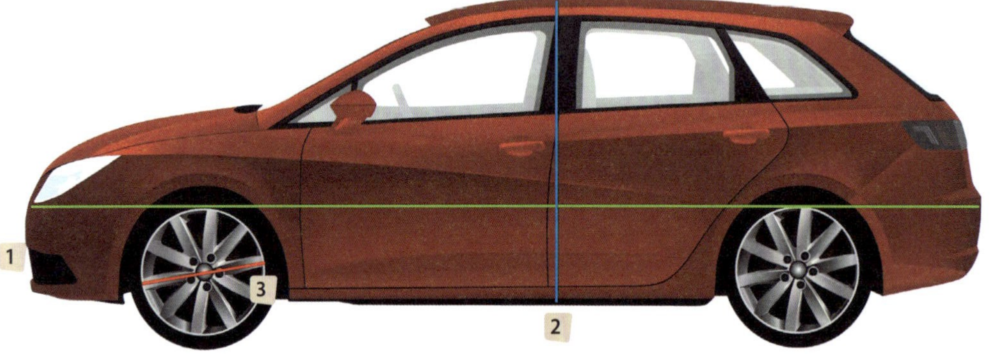

a) Bestimme die Länge der markierten Strecken in Wirklichkeit.

1	(grüne Strecke)	Länge in der Abbildung: ______	Länge in Wirklichkeit: ______
2	(blaue Strecke)	Länge in der Abbildung: ______	Länge in Wirklichkeit: ______
3	(rote Strecke)	Länge in der Abbildung: ______	Länge in Wirklichkeit: ______

b) Das Auto wurde nochmals verkleinert. Bestimme den Maßstab.

Maßstab der Abbildung: ______

Schülerbuch Seite 12

Zentrische Streckung

1 Die grünen Figuren wurden zentrisch gestreckt mit Streckungszentrum Z. Die Bildfiguren sind rot. Bestimme den Streckungsfaktor k.

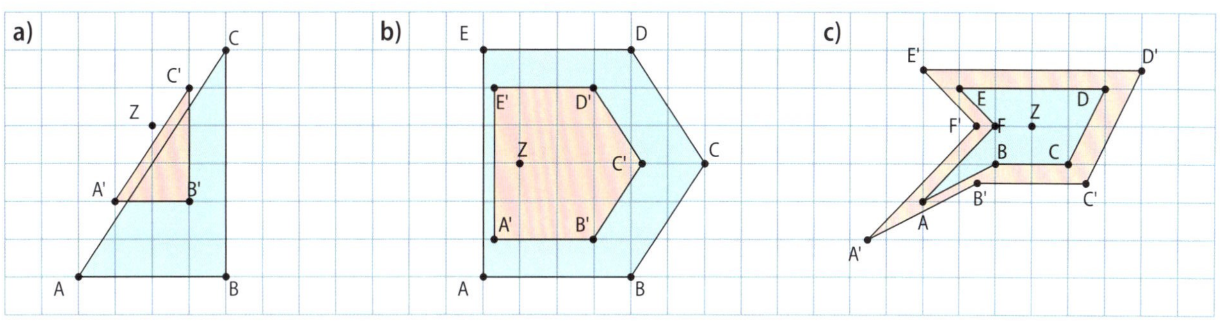

k = ____ k = ____ k = ____

2 Führe eine zentrische Streckung vom Streckungszentrum Z mit den gegebenen Streckungsfaktoren aus. Verwende die Hilfslinien.

a) k = 0,5 **b)** k = 1,5 **c)** k = 2,5

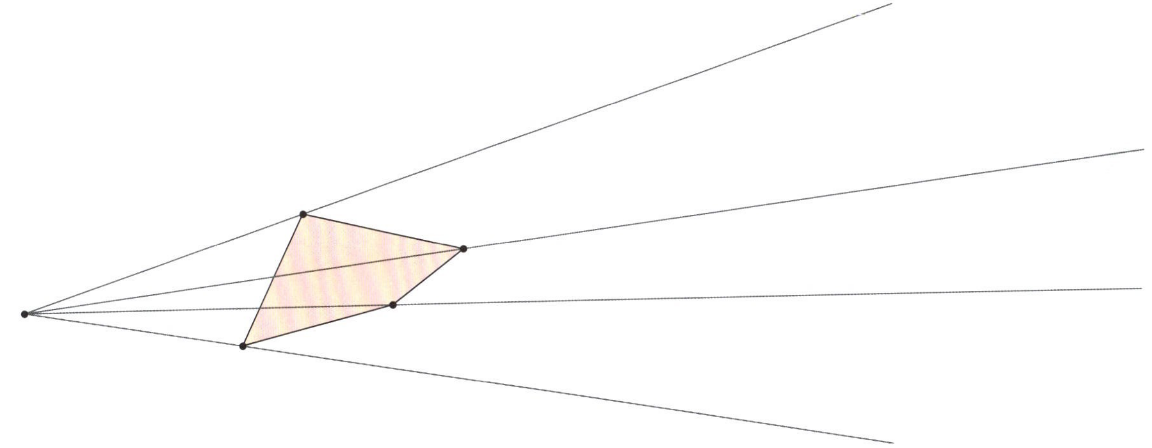

3 Die grünen Figuren wurden auf die roten abgebildet. Benenne das Streckungszentrum und gib den -Streckungsfaktor an. Begründe ggf., warum keine zentrische Streckung vorliegt.

a)

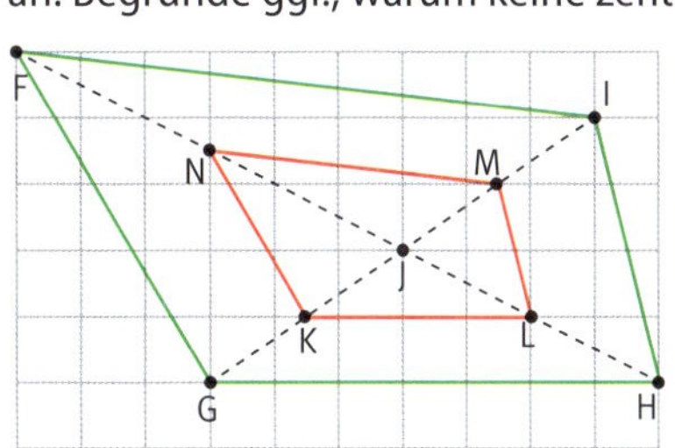

b)

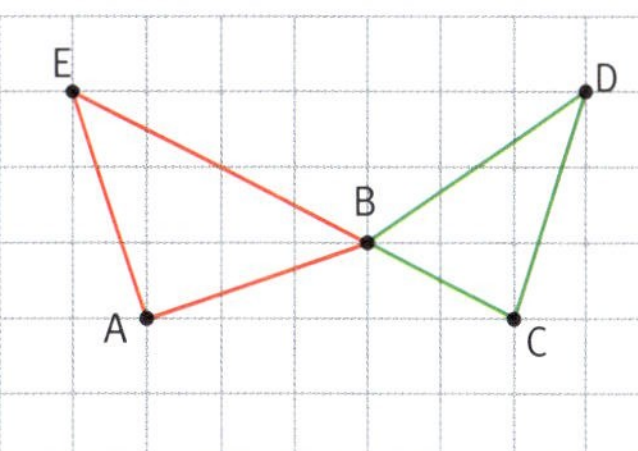

c)

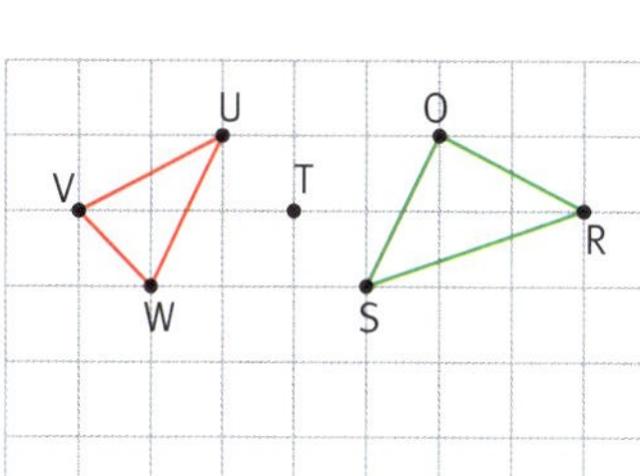

5 Die Fläche des abgebildeten Dreiecks ABC soll durch eine geeignete zentrische Streckung mit dem Streckungszentrum C …

a) vervierfacht werden (Dreieck A_1B_1C). **b)** verneunfacht werden (Dreieck A_2B_2C).

Überprüfe deine Konstruktion durch eine Rechnung.

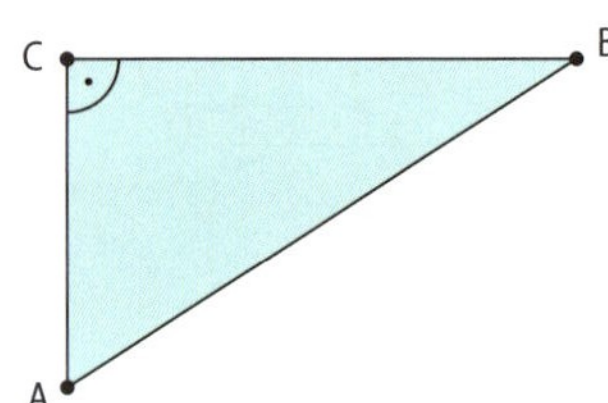

$A_{ABC} =$ ______

a) $A_{A_1B_1C} =$ ______ $=$ ☐ $\cdot A_{ABC}$

b) $A_{A_2B_2C} =$ ______ $=$ ☐ $\cdot A_{ABC}$

6 Das Dreieck ABC wurde durch eine zentrische Streckung auf das Dreieck A'B'C' abgebildet.

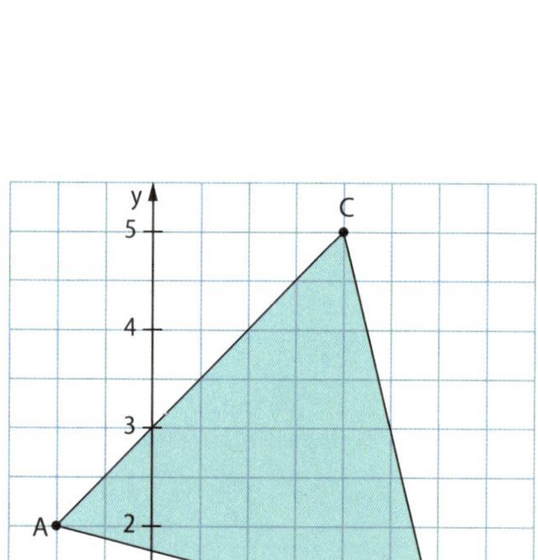

a) Konstruiere das Streckungszentrum Z und gib seine Koordinaten an.

Z (______ | ______)

b) Bestimme den Streckungsfaktor k. k = ______

c) Bestimme den Flächeninhalt des Dreiecks ABC. Miss fehlende Längen.

d) Bestimme den Flächeninhalt des Bilddreiecks A'B'C' …

1 mithilfe des Streckungsfaktors k.

2 mithilfe der Flächeninhaltsformel.

6 Das Dreieck ABC wurde mit einem beliebigen Streckfaktor k auf das Dreieck A'B'C' abgebildet. Kreuze an, welche Zusammenhänge gelten.

☐ $\frac{a}{b} = \frac{a'}{b'}$ ☐ $u_{\alpha A'B'C'} = |k| \cdot u_{\Delta ABC}$ ☐ $\alpha > \alpha'$ ☐ $h_c = k \cdot h_{c'}$

☐ $\frac{a}{b} = \frac{b'}{a'}$ ☐ $u_{\Delta ABC} = |k| \cdot u_{\Delta A'B'C'}$ ☐ $\alpha = \alpha'$ ☐ $h_c = |k| \cdot h_{c'}$

➲ *Schülerbuch Seite 14*

1 Ergänze die Zeichnung so, dass zueinander ähnliche Figuren entstehen.
Die roten Strecken entsprechen einander.

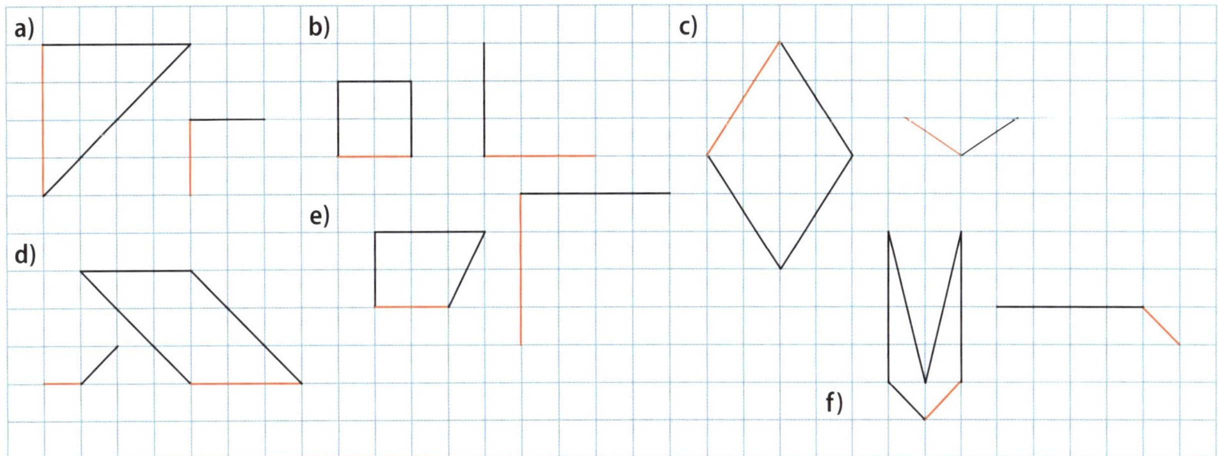

2 Wahr oder falsch? Kreuze an. Die richtigen Lösungen ergeben ein Lösungswort.

		wahr	falsch
a)	Alle Quadrate sind zueinander ähnlich.	P	A
b)	Alle Rechtecke sind zueinander ähnlich.	R	F
c)	Alle Kreise sind mathematisch gesehen nicht ähnlich zueinander, weil sie keine gleichen Winkel haben.	M	I
d)	Stimmen zwei ähnliche Vielecke in der Länge einer entsprechenden Seite überein, so sind sie kongruent.	F	E
e)	Alle rechtwinkligen Dreiecke sind ähnlich zueinander.	L	F
f)	Alle gleichseitigen Dreiecke sind ähnlich zueinander.	I	C
g)	Alle DIN A-Papierformate, also DIN A1, DIN A2, DIN A3, …, sind ähnlich zueinander.	G	H

Lösungswort: ______________________

3 Überprüfe, ob die durch ihre Eckpunkte angegebenen Figuren ähnlich zueinander sind.

a)	BFC ~ CFG	☐ ähnlich ☐ nicht ähnlich
b)	CGHD ~ EIKF	☐ ähnlich ☐ nicht ähnlich
c)	BAEF ~ GENO	☐ ähnlich ☐ nicht ähnlich
d)	CFG ~ EIF	☐ ähnlich ☐ nicht ähnlich
e)	CIL ~ HNP	☐ ähnlich ☐ nicht ähnlich
f)	GFKL ~ CGHD	☐ ähnlich ☐ nicht ähnlich

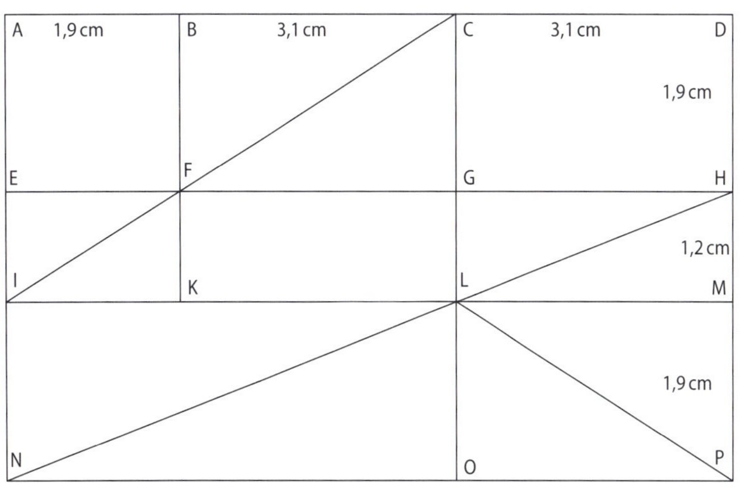

Besondere Verhältnisse ähnlicher Figuren

1 Ergänze mithilfe der Strahlensätze die fehlenden Streckenlängen.

a) $\frac{|\overline{ZA}|}{|\overline{ZC}|} = \frac{|\overline{AB}|}{}$ **b)** $\frac{|\overline{BA}|}{|\overline{FD}|} = \frac{|\overline{ZB}|}{}$ **c)** $\frac{|\overline{ZA}|}{|\overline{ZC}|} = \frac{}{|\overline{ZE}|}$

d) $\frac{|\overline{EC}|}{|\overline{AB}|} = \frac{|\overline{ZE}|}{}$ **e)** $\frac{|\overline{ZF}|}{|\overline{ZC}|} = \frac{}{|\overline{CE}|}$ **f)** $\frac{|\overline{ED}|}{|\overline{ZD}|} = \frac{}{|\overline{ZF}|}$

g) $\frac{|\overline{EC}|}{|\overline{DF}|} = \frac{}{|\overline{DZ}|}$ **h)** $\frac{|\overline{FZ}|}{|\overline{ZA}|} = \frac{|\overline{ZD}|}{}$ **i)** $\frac{|\overline{FD}|}{|\overline{AB}|} = \frac{|\overline{FZ}|}{}$

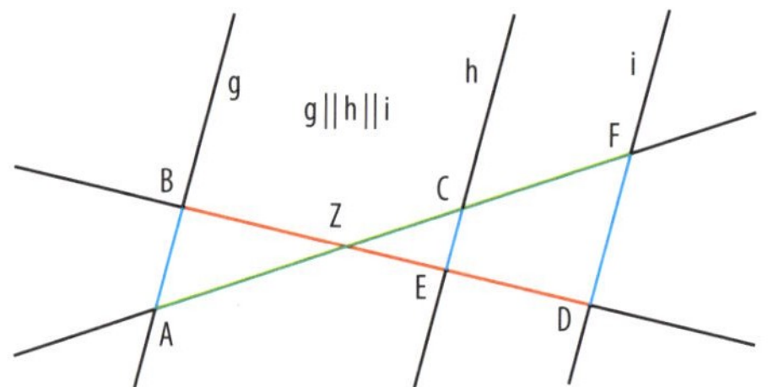

2 Vervollständige die Tabelle mithilfe der Strahlensätze. Nutze für Berechnungen ein Extrablatt.

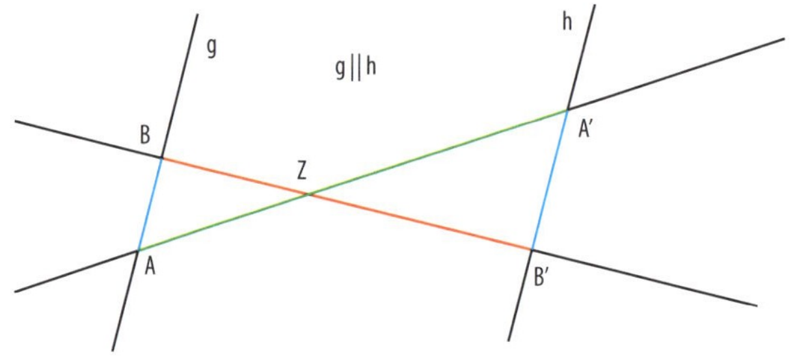

	$\lvert\overline{ZA}\rvert$	$\lvert\overline{ZA'}\rvert$	$\lvert\overline{ZB}\rvert$	$\lvert\overline{ZB'}\rvert$	$\lvert\overline{AB}\rvert$	$\lvert\overline{A'B'}\rvert$
a)	6,3 cm	3,5 cm	4,5 cm		9 cm	
b)	8,1 cm	1,5 cm		1 cm	10,8 cm	
c)	24 cm		18 cm		40 cm	6 cm
d)		1 dm	42 cm	12 cm		1,4 dm
e)	7 m	45 dm		9 m	15,4 m	
f)	15 dm	60 dm		18 m		15 m

3 Ein Archäologe versucht, die Höhe der 232 m breiten Cheops-Pyramide zu ermitteln, indem er zunächst die Länge der Pyramidengrundseite abmisst. In 300 m Entfernung von der Pyramide kann er diese mit einem 20 cm langen Lineal, das er im Abstand von 57 cm vor die Augen hält, gerade noch verdecken.

a) Beschrifte die Skizze mit den bekannten Maßen.

b) Bestimme die Länge der Strecke $\overline{BE}$.

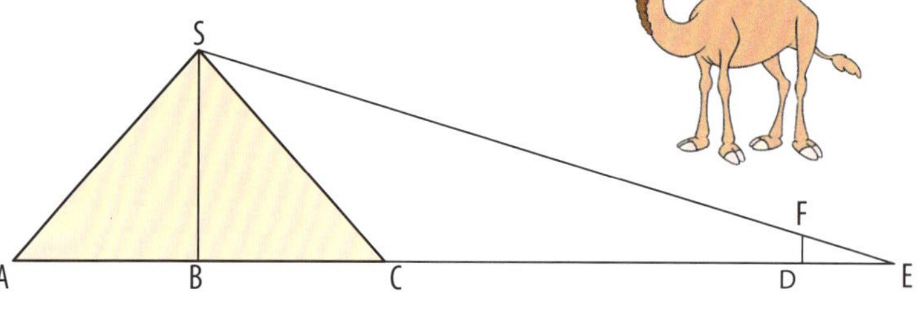

c) Berechne die Höhe der Pyramide. Runde das Ergebnis auf ganze Meter.

 Schülerbuch Seite 24

4 In einem Spinnennetz sind drei Fliegen F_1, F_2 und F_3 gefangen. Das Spinnennetz ist drehsymmetrisch aufgebaut mit ZT || YV || XW.

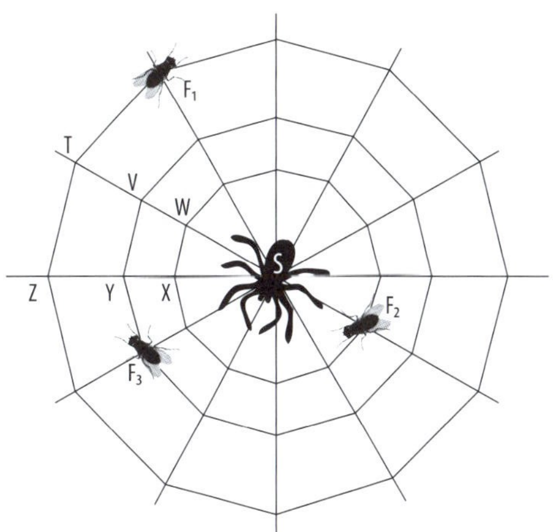

a) Berechne die fehlenden Werte. Runde auf ganze mm.

$\lvert\overline{ST}\rvert$	$\lvert\overline{SV}\rvert$	$\lvert\overline{SW}\rvert$	$\lvert\overline{WV}\rvert$
45 mm		20 mm	10 mm
$\lvert\overline{VT}\rvert$	$\lvert\overline{ZT}\rvert$	$\lvert\overline{YV}\rvert$	$\lvert\overline{XW}\rvert$
	23 mm		

b) Die Spinne will die drei Fliegen entlang der Fäden einsammeln. Sie nimmt dafür den kürzesten Weg.

Notiere die Reihenfolge der Fliegen: 

Berechne die von der Spinne zurückgelegte Streckenlänge bis zur letzten Fliege.

Antwort: Die Spinne muss etwa __________ weit laufen.

5 Tim ist mit seiner Schwester Paola auf dem Spielplatz. Paola sitzt ganz am Ende des 5 m langen Balkens. Tim sitzt in 1,40 m Entfernung vom Drehpunkt der Wippe. Tim legt beim Wippen einen Höhenunterschied von 73 cm zurück. Berechne die maximale Sitzhöhe h von Paola. Die Balkendicke wird vernachlässigt.

6 Es gibt Schilder, die die Steigung (bzw. das Gefälle) einer Straße in Prozent angeben. Dabei bedeutet beispielsweise „14 %", dass bei 100 m horizontaler Strecke ein Höhenunterschied von 14 m zu bewältigen ist. Beschrifte die Skizze mit den bekannten Maßen und berechne den Höhenunterschied, den das Auto bei 3,5 km horizontaler Strecke zurücklegt.

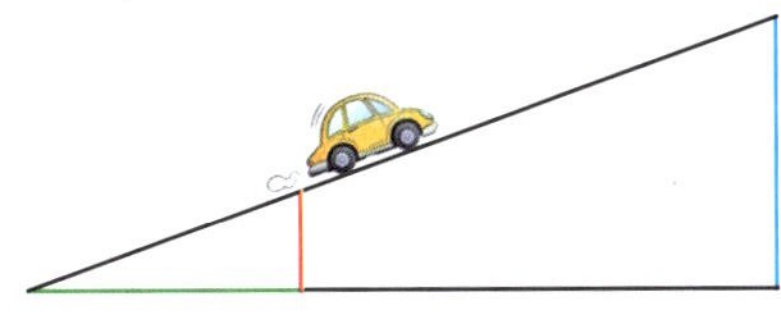

➲ Schülerbuch Seite 24

I. Maßstäblich vergrößern und verkleinern

1 Das Viereck ABCD wird durch zentrische Streckung auf das Viereck A'B'C'D' abgebildet. Einige Punkte dieser Abbildung sind schon gegeben.

a) Bestimme zunächst aus der Zeichnung die Lage des Streckungszentrums E. Tipp: Nutze dein Wissen über die Lage von Urpunkt, Bildpunkt und Streckungszentrum.

E(______|______)

b) Gib den Streckungsfaktor k an.

k = ______

c) Vervollständige die Vierecke ABCD und A'B'C'D'.

2 **a)** Fülle die Lücken im Text mithilfe der unten stehenden Begriffe aus. Zwei bleiben übrig.

Ein Kreis kann zentrisch gestreckt werden, indem man nur ______ Punkte abbildet, nämlich den ______ und einen beliebigen Punkt der ______. Dann kann der Bildkreis mit dem ______ vervollständigt werden, da die zentrische Streckung ______ ist.

kreistreu | zwei | Kreismittelpunkt | Kreislinie | Zirkel

II. Ähnliche Figuren erkennen und zeichnen

3 Markiere ähnliche Dreiecke mit derselben Farbe.

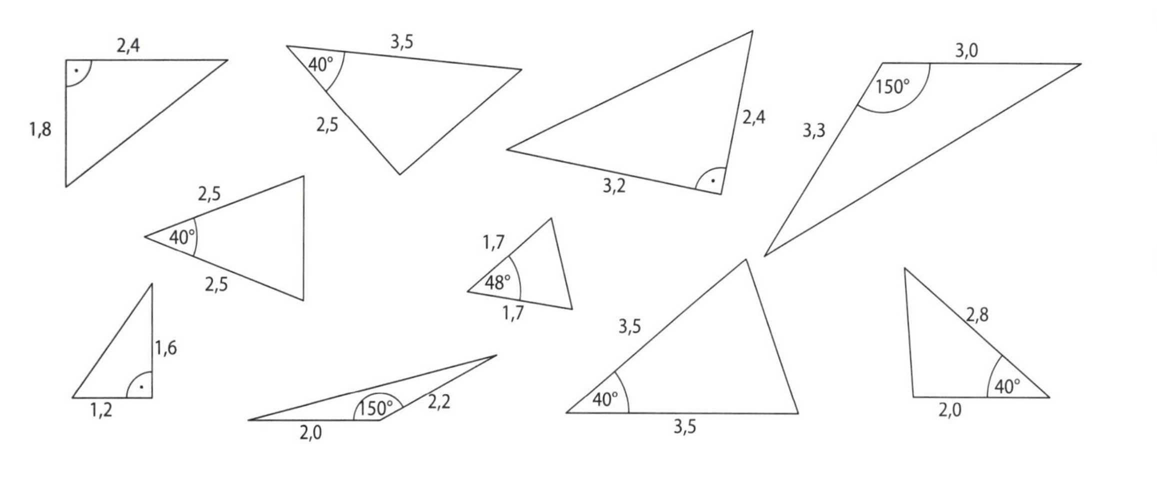

4 Zeige, dass die beiden Figuren ähnlich zueinander sind. Vervollständige dazu den Satz.
Die beiden Figuren sind ähnlich zueinander, weil …

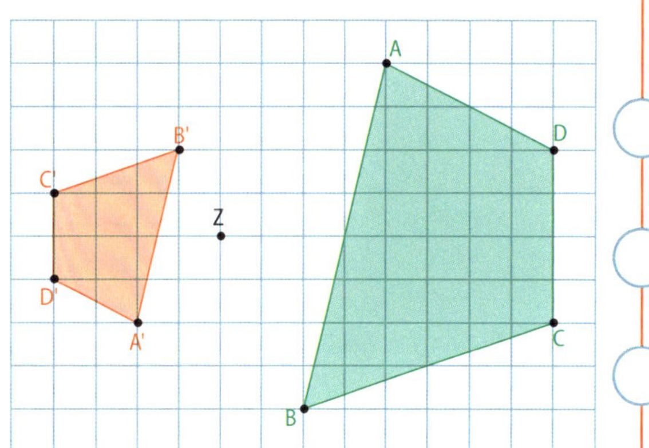

III. Besondere Verhältnisse ebener Figuren bilden

5 Kreuze die richtigen Verhältnisse an.

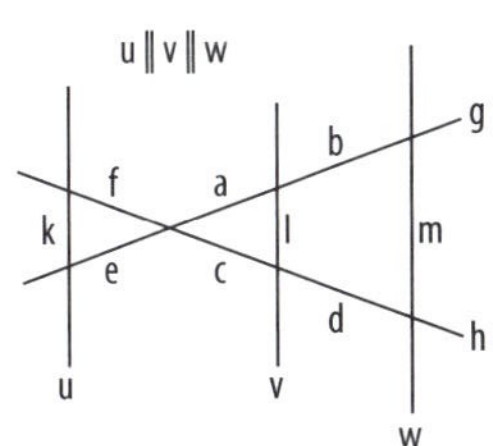

a) ☐ $\frac{e}{f} = \frac{c}{a}$ ☐ $\frac{e}{f} = \frac{a}{c}$ ☐ $\frac{e}{f} = \frac{k}{l}$

b) ☐ $\frac{a}{b} = \frac{c}{d}$ ☐ $\frac{a}{b} = \frac{l}{m}$ ☐ $\frac{a}{b} = \frac{e}{f}$

c) ☐ $\frac{m}{l} = \frac{d}{c}$ ☐ $\frac{m}{l} = \frac{d+c}{d}$ ☐ $\frac{m}{l} = \frac{a}{a+b}$

d) ☐ $\frac{a}{a+b} = \frac{c}{c+d}$ ☐ $\frac{a}{a+b} = \frac{e}{e+f}$ ☐ $\frac{a}{a+b} = \frac{l}{m}$

6 Max und Theresa haben an Land die angegebenen Streckenlängen gemessen und dann aus ihnen berechnet, dass es von dem Punkt E bis zur Insel I etwa 600 m sind. Überprüfe ihre Angaben.

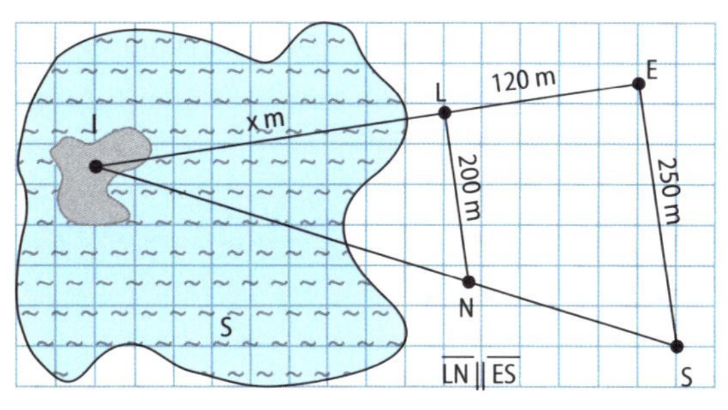

Teil	Ich kann bei einfachen Aufgaben …	Aufgaben	Kreuze an.		
			0–2	3–4	5–6
I.	maßstäblich vergrößern und verkleinern.	1, 2	☹	😐	☺
II.	ähnliche Figuren erkennen und zeichnen.	3, 4	☹	😐	☺
III.	besondere Verhältnisse ebener Figuren bilden.	5, 6	☹	😐	☺

Wachstumsvorgänge

1 Kreuze an, um welche Art von Wachstum es sich handelt.

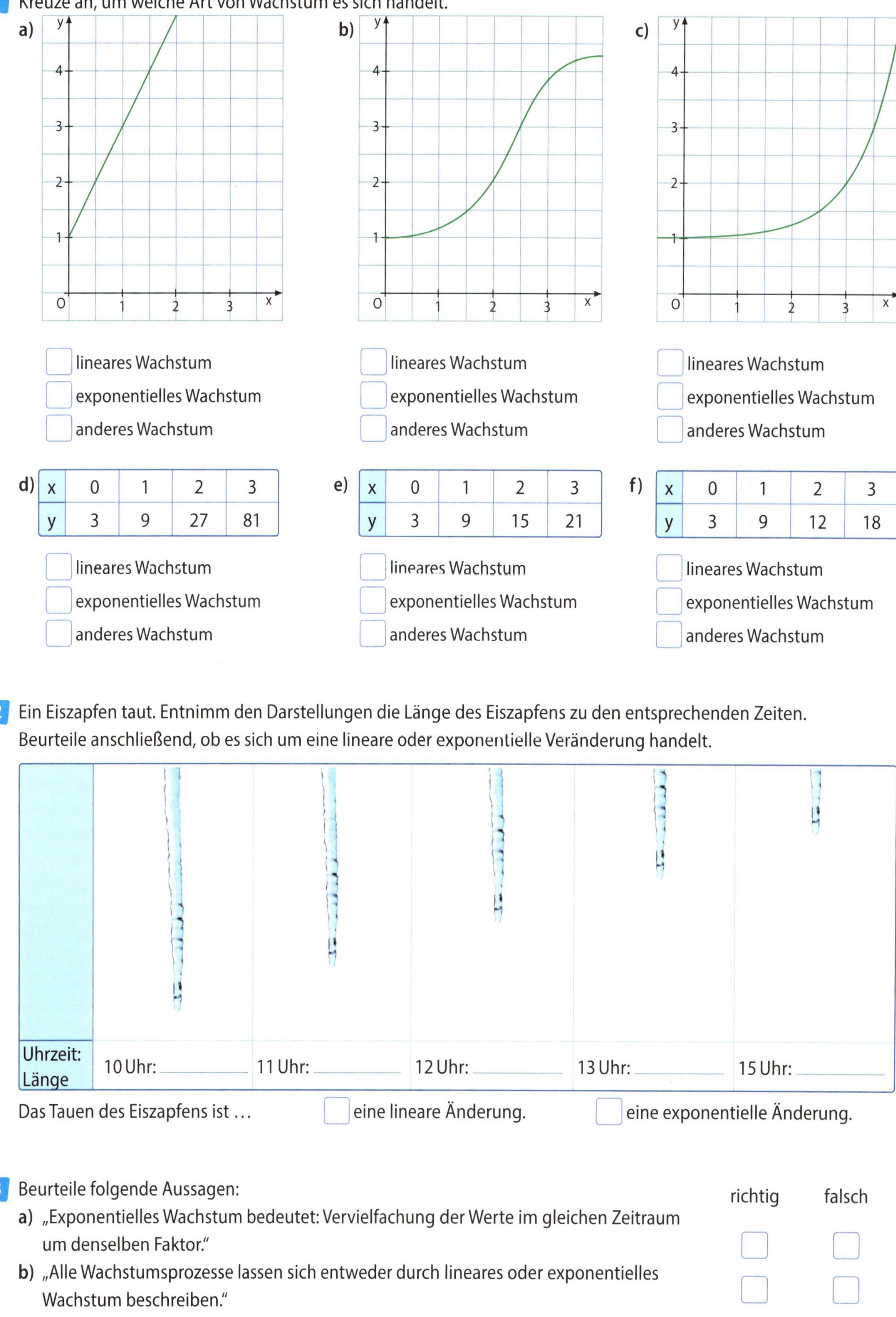

a) ☐ lineares Wachstum ☐ exponentielles Wachstum ☐ anderes Wachstum

b) ☐ lineares Wachstum ☐ exponentielles Wachstum ☐ anderes Wachstum

c) ☐ lineares Wachstum ☐ exponentielles Wachstum ☐ anderes Wachstum

d)

x	0	1	2	3
y	3	9	27	81

☐ lineares Wachstum ☐ exponentielles Wachstum ☐ anderes Wachstum

e)

x	0	1	2	3
y	3	9	15	21

☐ lineares Wachstum ☐ exponentielles Wachstum ☐ anderes Wachstum

f)

x	0	1	2	3
y	3	9	12	18

☐ lineares Wachstum ☐ exponentielles Wachstum ☐ anderes Wachstum

2 Ein Eiszapfen taut. Entnimm den Darstellungen die Länge des Eiszapfens zu den entsprechenden Zeiten. Beurteile anschließend, ob es sich um eine lineare oder exponentielle Veränderung handelt.

Uhrzeit: Länge	10 Uhr: ______	11 Uhr: ______	12 Uhr: ______	13 Uhr: ______	15 Uhr: ______

Das Tauen des Eiszapfens ist … ☐ eine lineare Änderung. ☐ eine exponentielle Änderung.

3 Beurteile folgende Aussagen:

	richtig	falsch
a) „Exponentielles Wachstum bedeutet: Vervielfachung der Werte im gleichen Zeitraum um denselben Faktor."	☐	☐
b) „Alle Wachstumsprozesse lassen sich entweder durch lineares oder exponentielles Wachstum beschreiben."	☐	☐
c) „Bei konstantem Zuwachs in gleichen Zeiträumen liegt lineares Wachstum vor."	☐	☐

Schülerbuch Seite 42

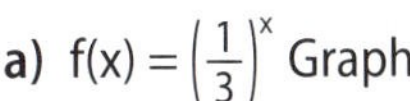

Exponentialfunktionen

1 Ordne jeder Funktionsgleichung den passenden Graphen zu.

a) $f(x) = \left(\frac{1}{3}\right)^x$ Graph ______

b) $f(x) = \left(\frac{1}{2}\right)^x$ Graph ______

c) $f(x) = \left(\frac{2}{3}\right)^x$ Graph ______

d) $f(x) = \left(\frac{3}{2}\right)^x$ Graph ______

e) $f(x) = 2^x$ Graph ______

f) $f(x) = 3^x$ Graph ______

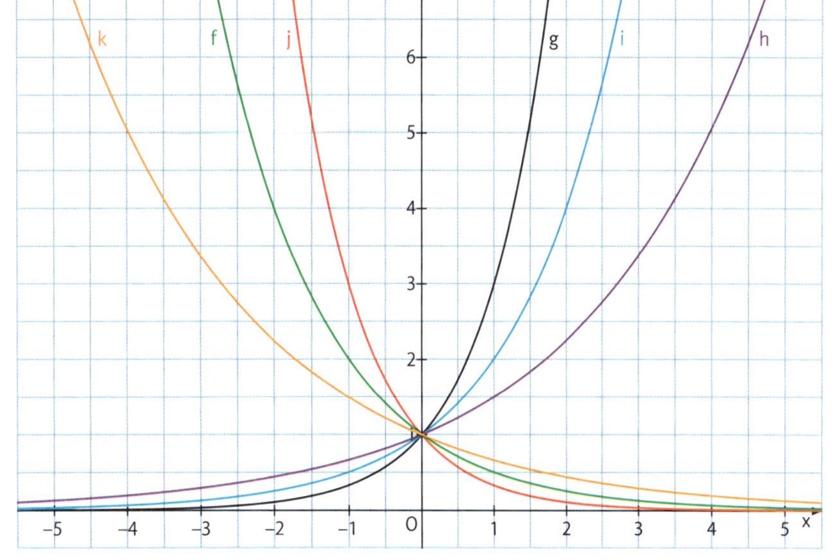

2 a) Vervollständige die Wertetabelle. Schreibe Werte kleiner 1 in Bruchschreibweise.

	–2	–1,5	–1	–0,5	0	0,5	1	1,5	2
a) $f(x) = 4x$									
b) $f(x) = \left(\frac{1}{4}\right)^x$									
c) $f(x) = 25^x$									
d) $f(x) = \left(\frac{1}{25}\right)^x$									

b) Beschreibe Zusammenhänge zwischen den Wertepaaren der Funktionen $f(x) = q^x$ und $f(x) = \left(\frac{1}{q}\right)^x$

3 Die Punkte P, Q und R liegen jeweils auf dem Graphen der angegebenen Funktion.
Bestimme die fehlenden Koordinaten im Kopf. Nutze Zusammenhänge.

a) $f(x) = 2^x$ — $P(-4\,|\,\_\_\_)$; $Q(\_\_\_\,|\,1)$; $R(\_\_\_\,|\,8)$

b) $f(x) = 3^x$ — $P(-3\,|\,\_\_\_)$; $Q(\_\_\_\,|\,1)$; $R(\_\_\_\,|\,243)$

c) $f(x) = \left(\frac{1}{3}\right)^x$ — $P(-3\,|\,\_\_\_)$; $Q(\_\_\_\,|\,1)$; $R(\_\_\_\,|\,\frac{1}{243})$

d) $f(x) = 10^x$ — $P(-2\,|\,\_\_\_)$; $Q(0\,|\,\_\_\_)$; $R(4\,|\,\_\_\_)$

e) $f(x) = \left(\frac{1}{10}\right)^x$ — $P(-4\,|\,\_\_\_)$; $Q(\_\_\_\,|\,1)$; $R(\_\_\_\,|\,\frac{1}{100})$

➲ *Schülerbuch Seite 44*

1 Ordne jeder Funktionsgleichung den passenden Graphen zu.

$f(x) = 2^x + 1$	$f(x) = 0{,}5 \cdot 2^x$	$f(x) = 3 \cdot 2^x$	$f(x) = 2^x - 1$
☐	☐	☐	☐
☐	☐	☐	☐

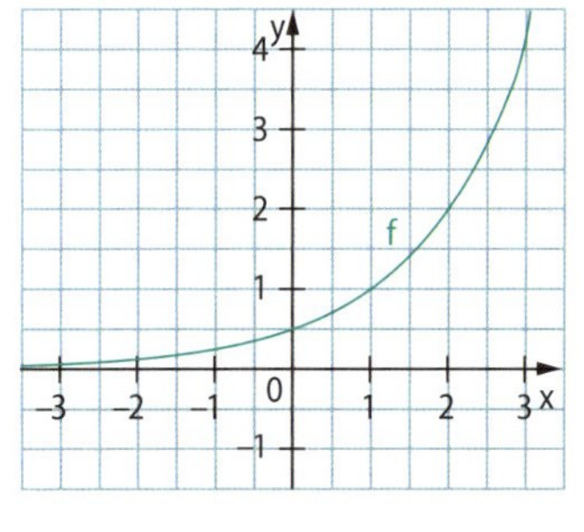

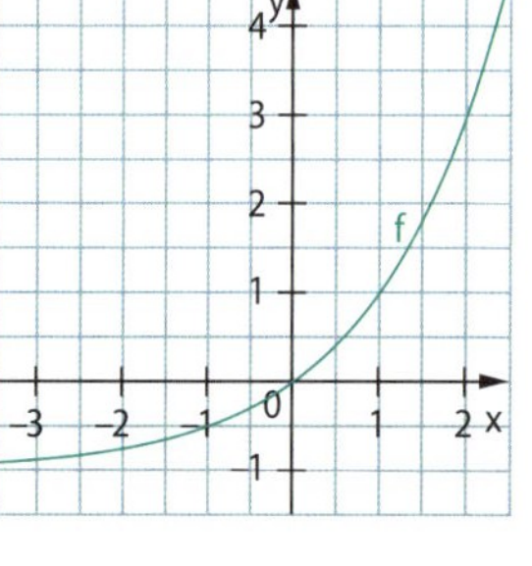

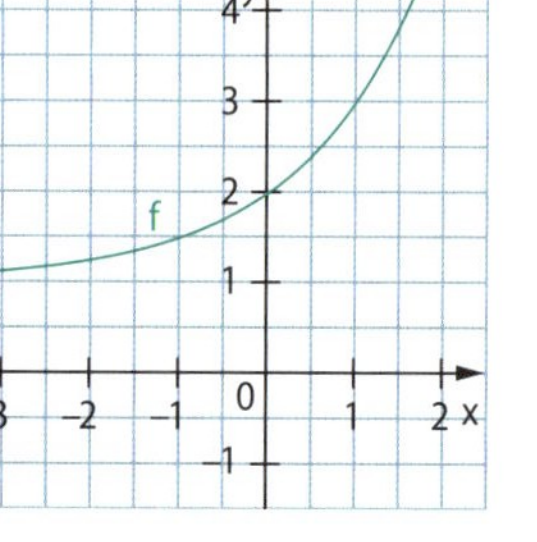

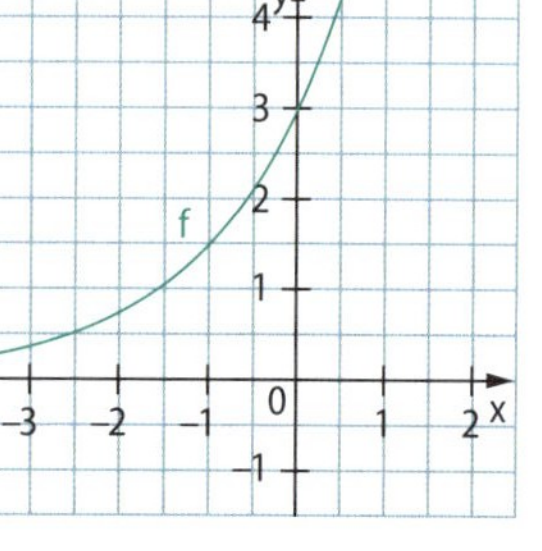

2 Skizziere die beschriebenen Funktionsgraphen. Notiere anschließend die zugehörige Funktionsgleichung.

a) Der Graph von g ist gegenüber dem Graphen der Funktion f mit $f(x) = 2^x$ an der x-Achse gespiegelt und danach um zwei Einheiten nach oben verschoben.

g(x) = ______________________

b) Der Graph von h ist gegenüber dem Graphen der Funktion f mit $f(x) = 2^x$ um zwei Einheiten nach links und eine Einheit nach unten verschoben.

h(x) = ______________________

c) Der Graph von k ist gegenüber dem Graphen der Funktion f mit $f(x) = 2^x$ an der x-Achse gespiegelt und anschließend eine Einheit nach rechts sowie vier Einheiten nach oben verschoben.

k(x) = ______________________

3 Je nachdem, an welcher Stelle Parameter stehen, haben diese einen unterschiedlichen Einfluss auf die Exponentialfunktion. Betrachte dazu ausgehend von Graphen der Funktion g mit $q^x = bx$ den Graph der Funktion f mit $f(x) = a \cdot q^x + e$. Vervollständige die Sätze. Gegenüber dem Graphen von g bewirkt der Paramter …

a) $a = 1{,}5$ ______________________

b) $c = -4$ ______________________

c) $a = -0{,}5$ ______________________

d) $c = \frac{1}{3}$ ______________________

➲ *Schülerbuch Seite 48*

Exponentialfunktionen im Alltag

1 Paul benötigt noch 120 €, um sich ein Tablet zu kaufen. Sein Vater macht ihm zwei Angebote für einen Zeitraum von einem halben Jahr. Vergleiche diese systematisch. „Für Rasenmähen und Blumengießen bekommst du ...

1 10 € pro Woche."

2 10 € in der ersten Woche. Jede weitere Woche bekommst du 15% des bisher erhaltenen Lohns. Dafür musst du zusätzlich die Wäsche waschen."

	1	2
Geld nach 1 Woche (2 Wochen)		
Geld nach einem halben Jahr (d. h. nach 27 Wochen)		
120 € erreicht nach … Wochen		

2 Der Graph stellt die Zerfallskurve eines radioaktiven Präparats dar, von dem zu Beginn 30 g vorhanden sind.

a) Bestimme f(1).

b) Ermittle eine Funktionsgleichung für den Zerfallsprozess.

c) Stelle in der Grafik die Halbwertszeit dar.

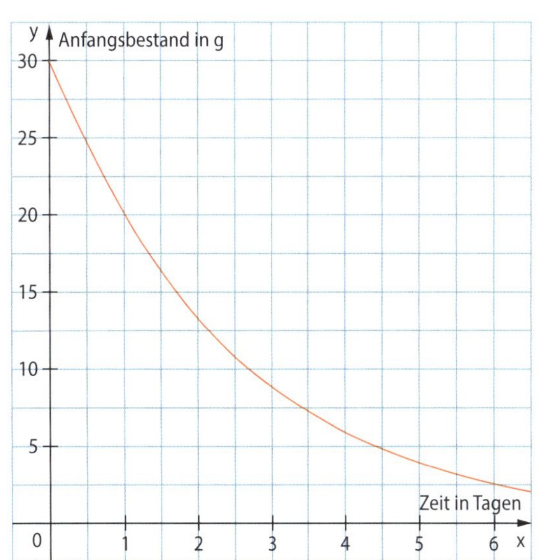

3 Berechne die fehlenden Werte für die Entwicklung des Kapitals nach n Jahren (Zinssatz p %).

	a)	b)	c)	d)
$K_0 = K(0)$	72 000,00 €	20 000,00 €	432,50 €	
p %	4,1 %		0,4 %	2 %
n	30 Jahre	2 Jahre	1,5 Jahre	4 Jahre
K (n)		20 604,50 €		1948,38 €
Gleichung				

➲ *Schülerbuch Seite 52*

1 Vervollständige die Lücken in der Tabelle.

	a)	b)	c)	d)
Potenz	$3^8 = 6561$			$4{,}2^3 = 74{,}088$
Wurzel			$\sqrt[5]{1024} = 4$	
Logarithmus		$\log_2 128 = 7$		

2 a) Setze die Zahlenfolgen um weitere zwei Glieder fort. Welchem Muster folgen sie?

Folge 1 : 0; 3; 8; 15; ______; ______; Muster: ______

Folge 2 : 4; 6; 10; 18; ______; ______; Muster: ______

b) Ermittle die fehlenden Zahlen. Alle fehlenden Zahlen kommen in den beiden Zahlenfolgen aus a) vor.

1 $\log_5 125 =$ ☐ 2 $\log_2 1024 =$ ☐ 3 $\log_{11} 14641 =$ ☐

4 $☐^1 = 66$ 5 $☐^3 = 42875$ 6 $\log_3 6561 =$ ☐

7 $\log_{☐} 13824 = 3$ 8 $☐^3 = 5832$ 9 $\log_{☐} 1156 = 2$

10 $\log_{12} 1 =$ ☐ 11 $\log_4 4096 =$ ☐ 12 $\log_2 32768 =$ ☐

3 Nutze zur Berechnung des Zehnerlogarithmus den Taschenrechner und runde auf eine Dezimalstelle. Die Lösungen ergeben in der richtigen Reihenfolge ein Lösungswort.

a) $\lg 27000 \approx$ ______ b) $\lg 56 \approx$ ______ c) $\lg 32 + \lg 10 \approx$ ______

d) $\lg 0{,}008 \approx$ ______ e) $\lg 31 \cdot \lg 900 \approx$ ______ f) $\lg \frac{4}{7} \approx$ ______

g) $\lg 1{,}2^3 \approx$ ______ h) $\lg \sqrt{120} \approx$ ______ i) $\lg 8^{-4} \approx$ ______

A −2,1	B 3,8	C 1,0	D 4,4	E 1,7	H −3,6
I −0,2	K 2,5	L −1,9	P −2,9	Q 0,5	S 0,2

Lösungswort: __ __ __ __ __ __ __ __ __

4 Finde einen immer besseren Schätzwert für den angegebenen Logarithmus. Hinweis: In jedem Schritt wird die Näherung um eine Dezimalstelle genauer.

a) 3 $< \log_2 10 <$ 4 b) __ $< \log_5 45 <$ 3

__ __ $< \log_2 10 <$ __, __ __, __ $< \log_5 45 <$ __, __

__, __ __ $< \log_2 10 <$ __, __ __ __, __ __ $< \log_5 45 <$ __, __ __

__, __ __ __ $< \log_2 10 <$ __, __ __ __ __, __ __ __ $< \log_5 45 <$ __, __ __ __

__, __ __ __ __ $< \log_2 10 <$ __, __ __ __ __ __, __ __ __ __ $< \log_5 45 <$ __, __ __ __ __

 Schülerbuch Seite 58

Exponentialgleichung

1 Löse die Exponentialgleichung $\frac{1}{2} \cdot 1{,}5^x = 5$ grafisch. Dabei ist x aus dem Bereich der reellen Zahlen.

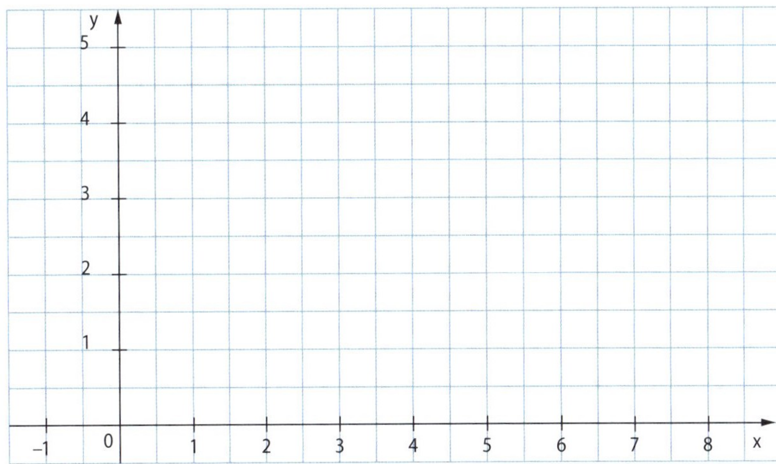

Grafische Lösung:

$x \approx$ ____________

2 Löse die Exponentialgleichung. Runde die Lösung geeignet.

	Exponentialgleichung	Lösung	gerundete Lösung
a)		$x = \log_{20} 5$	
b)	$\frac{1}{3} \cdot 5^{x-1} = 15$		

3 Ein Glas Eistee enthält 50 mg Koffein. Bei einem Jugendlichen steigt in der ersten Stunde nach dem Trinken des Tees der Koffeingehalt im Blut linear bis 50 mg an. Dann wird das Koffein mit einer Halbwertzeit von 3 Stunden abgebaut.

a) Zeichne den Graphen, der den Koffeingehalt im Blut in Abhängigkeit von der Zeit darstellt.

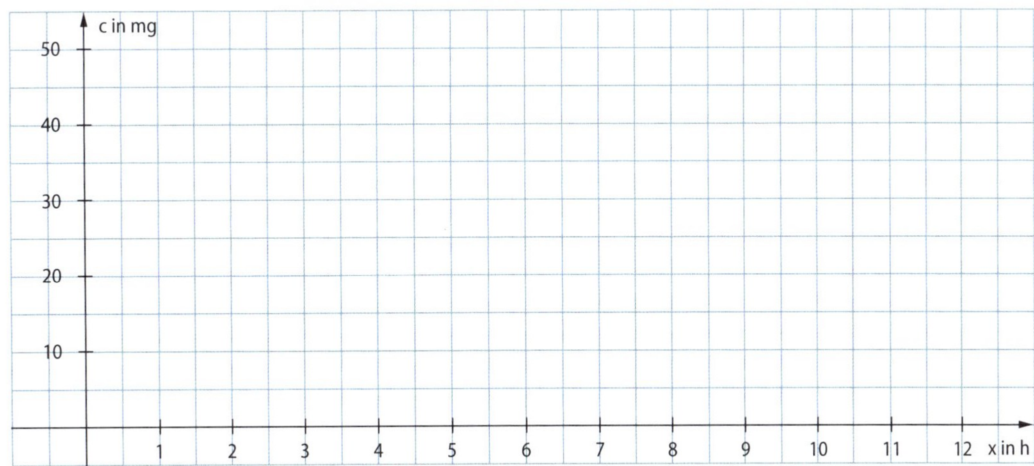

b) Berechne alle Zeitpunkte, zu denen 10 mg Koffein im Blut sind.

➲ *Schülerbuch Seite 62*

I. Exponentialfunktionen erkennen

1 Trage die Eigenschaften der Funktion in die Tabelle ein.

Funktionsgleichung	**a) $f(x) = 3{,}6 \cdot 2{,}015^x$**	**b) $f(x) = 10 \cdot 0{,}985^x$**
Wachstum oder Zerfall?	☐ Zerfall ☐ Wachstum	☐ Zerfall ☐ Wachstum
Definitionsbereich		
Wertebereich		
Monotonie		
Nullstellen		
Schnittpunkt P mit der y-Achse		

2 Kreuze die zugehörige Funktionsgleichung an.

a)

x	0,5	1,5	2,5
y	0,5	2	8

☐ $f(x) = \frac{1}{2} \cdot 2^x$ ☐ $f(x) = \frac{2}{5} \cdot 3^x$ ☐ $f(x) = \frac{1}{4} \cdot 4^x$

b)

x	0	1	2
y	−2,2	−6,6	−19,8

☐ $f(x) = -2{,}2 \cdot 3^x$ ☐ $f(x) = -1{,}1 \cdot 2^x$ ☐ $f(x) = 2{,}2 \cdot 3^x$

II. Mit dem Logarithmus umgehen

3 Eine Bakterienkultur bedeckt zu Beginn eines Versuchs um 9.00 Uhr einen Teil der Fläche einer 28 cm^2 großen Petrischale. Der von Bakterien bedeckte Flächeninhalt von y cm^2 kann in Abhängigkeit der Anzahl x der seit Versuchsbeginn vergangenen Stunden durch die Gleichung $y = 2 \cdot 1{,}15^x$ angegeben werden.

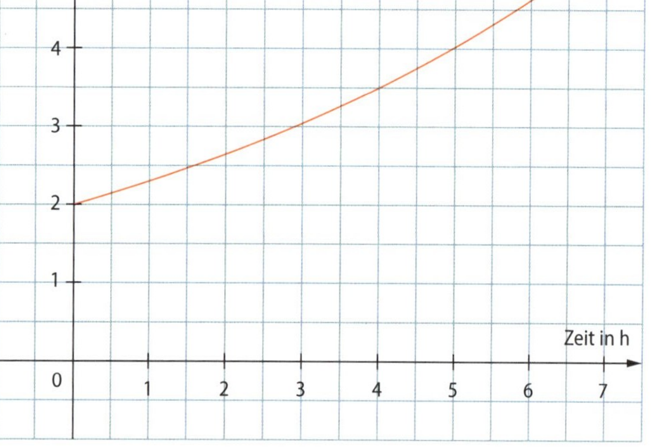

a) Bestimme, um wie viel Prozent die Fläche stündlich wächst.

b) Berechne, welche Fläche nach 9 Stunden von Bakterien bedeckt wäre. Runde auf Ganze cm^2.

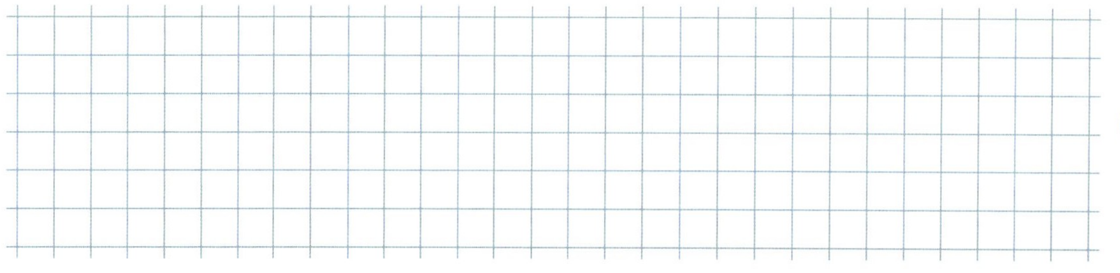

4 Vereinfache so weit wie möglich.

a) $\log_b b =$ 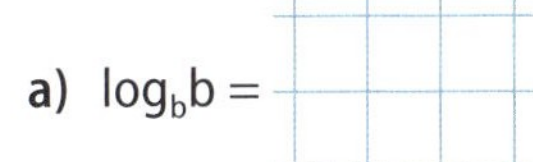 b) $\log_b 1 =$ 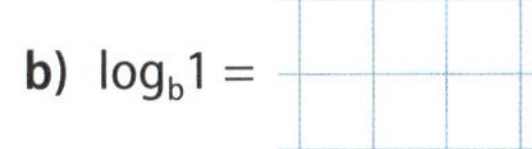 c) $\log_b b^x =$

5 Gib jeweils an, welches Rechengesetz angewendet wurde. Finde den Fehler in den Umformungen und verbessere.

$$3 \cdot \log_7 (7x^2) = \log_{10}(8) - \log_{10} x$$

$$\log_7 (7x^2)^3 = \log_{10}\left(\frac{8}{x}\right)$$

$$\log_7 (343x^6) = \frac{\log_7\left(\frac{8}{x}\right)}{\log_7 10}$$

III Exponentialgleichungen lösen

6 Bestimme jeweils die Lösung der Exponentialgleichung.

a) $9^x = 729$ b) $5^{x-1} - 36 = 89$ c) $4^{3x-1} = \frac{1}{16}$

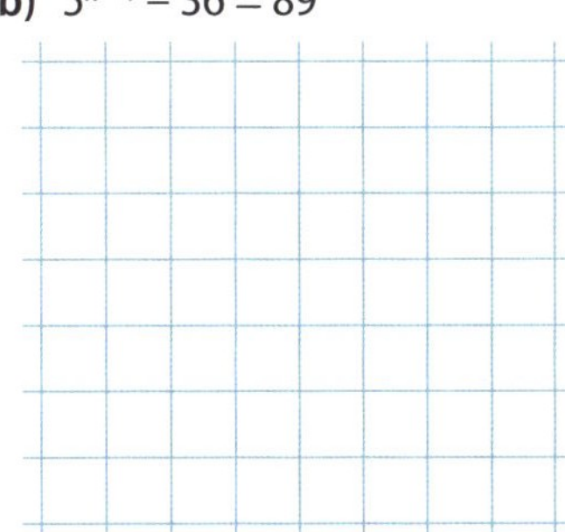

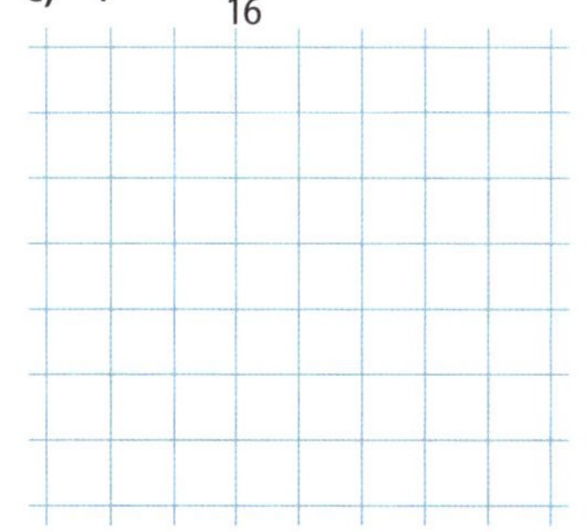

7 Zwei Städte haben 50 000 bzw. 60 000 Einwohner. Die kleinere Stadt wächst jedes Jahr um 4 %, die größere um 3 %. Berechne, nach wie viel Jahren beide Städte dieselbe Einwohnerzahl haben, wenn sich das Wachstum weiter so fortsetzt.

Teil	Ich kann bei einfachen Aufgaben …	Aufgaben	Kreuze an.		
			0–2	3–4	5–6
I.	Exponentialfunktionen erkennen.	1, 2	☹	😐	☺
II.	mit dem Logarithmus umgehen.	3, 4, 5	☹	😐	☺
III.	Exponentialgleichungen lösen.	6,7	☹	😐	☺

1 Erläutere, wie Alina zu ihrer Aussage kommt.

Bei mir zu Hause ist jedes Familienmitglied im Durchschnitt 1,75 cm groß.

2 Von Montag bis einschließlich Samstag hat Familie Rütli die jeweilige Tageshöchsttemperatur auf ihrer Terrasse notiert.

Mo: 5 °C
Di: 5 °C
Mi: 1 °C
Do: −1 °C
Fr: 5 °C
Sa: −5 °C

a) Kreuze alle richtigen Aussagen an.

- ☐ Das Minimum der Tageshöchsttemperaturen ist 1 °C, das Maximum ist 5 °C.
- ☐ Die Spannweite der Tageshöchsttemperaturen ist 10 °C.
- ☐ Der Median der Tageshöchsttemperaturen ist 0 °C.
- ☐ 5 °C und −5 °C sind der Modalwert der Tageshöchsttemperaturen.

b) Die Tageshöchsttemperatur beträgt in Durchschnitt in der Woche 0°C.

Bestimme die Tageshöchstemperatur am Sonntag. ______

3 In einer 10. Klasse wurden die Durchschnittsnoten der Zeugnisse erhoben.

2,5	2,6	2	3	2,1	2,5	2,6	2,4	3,3	2,3
3,3	2,9	2,4	3	3,4	2,7	2,4	2,8	2,5	2,9
3,3	2,9	2,3	2,6	3,6	3,3	2,9	2,5	1,9	2,4

a) Bestimme Median und das arithmetische Mittel der Durchschnittsnoten.

Median: ______

arithmetisches Mittel: ______

b) Berechne...

… die mittlere lineare Abweichung der Daten vom arithmetischen Mittel.	… die Standardabweichung der Daten vom arithmetischen Mittel.

4 a) Markiere eine weitere Zahl so, dass du den eingezeichneten Median erhältst.

1

10 15 20
Median

2

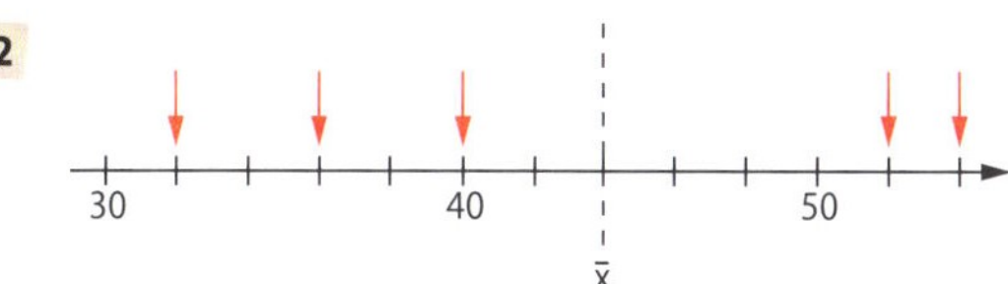

b) Markiere eine weitere Zahl so, dass du das eingezeichnete arithmetische Mittel $\overline{x}$ erhältst.

1

10 15 20
$\overline{x}$

2

30 40 50
$\overline{x}$

5 Eine Dartscheibe ist in Sektoren (mit jeweils gleichem Mittelpunktswinkel) eingeteilt, denen ein Punktwert von 1 bis 20 zugeordnet ist. Zusätzlich ist die Scheibe in Ringe unterteilt. Trifft man in den äußeren Ring, dann zählt der Wurf doppelt, im mittleren Ring dreimal so viel wie der Punktwert, ansonsten nur einfach. In der Mitte erhält man immer 50 Punkte, im Ring um die Mitte herum gibt es 25 Punkte.
Auf der abgebildeten Dartscheibe sind die Einschüsse eines Spielers markiert, der das Spiel „501" spielt. Dabei muss man mit möglichst wenig Würfen insgesamt 501 Punkte werfen.

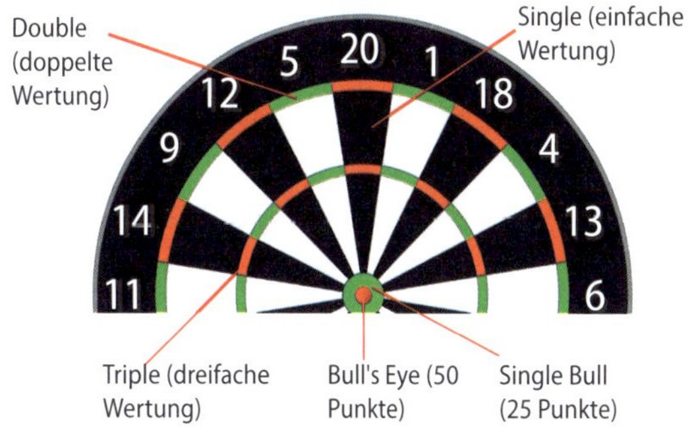

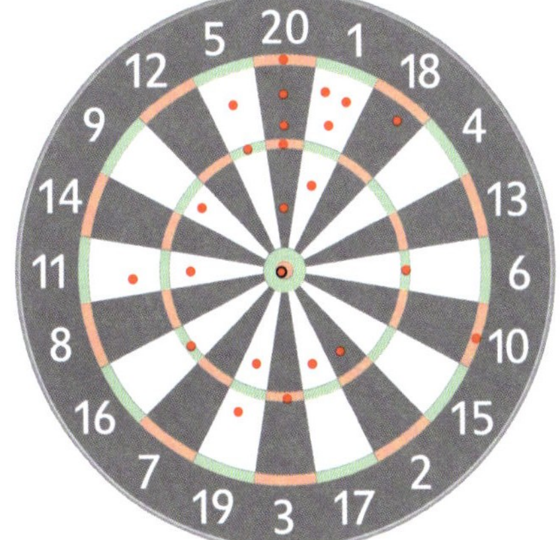

a) Bestimme die Anzahl der bisherigen Würfe.

b) Berechne, wie viele Punkte bis 501 fehlen.

geworfene Punkte: ________ Punkte

Es fehlen noch ________ Punkte.

c) In welchen Sektor hat er am häufigsten getroffen?

d) Berechne die Anzahl der durchschnittlichen Punkte pro Wurf.

e) Gib mindestens zwei Möglichkeiten an, wie man mit möglichst wenig Würfen die restlichen Punkte erzielen kann. Beachte, dass exakt noch 66 Punkte erzielt werden müssen.

1 Ein vierseitiger Spielstein wird zweimal hintereinander geworfen, wobei jedes Mal die Augenzahl (1 bis 4) notiert wird.

a) Kreuze an, welches Baumdiagramm alle Kombinationsmöglichkeiten anzeigt.

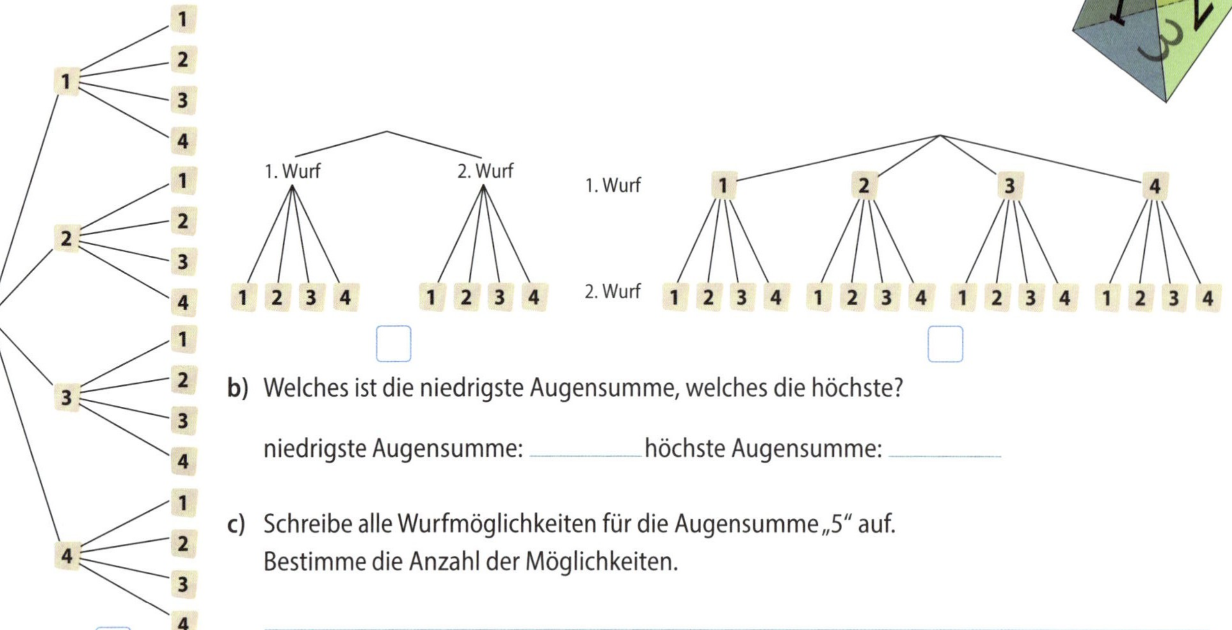

b) Welches ist die niedrigste Augensumme, welches die höchste?

niedrigste Augensumme: ______ höchste Augensumme: ______

c) Schreibe alle Wurfmöglichkeiten für die Augensumme „5“ auf. Bestimme die Anzahl der Möglichkeiten.

______

Insgesamt: ______ Möglichkeiten

2 Bei einem Kettenbrief erhält man die Aufforderung, den Brief zu kopieren und an weitere Empfänger zu versenden. Das verursacht einen sinnlosen Papierberg. Elke bekommt den Kettenbrief nebenan und verschickt ihn wie angegeben weiter. Löse die Aufgaben ohne Taschenrechner.

> Lieber Empfänger,
> kopiere diesen Brief 5 Mal und sende ihn fünf Personen zu, die du kennst.
> Viele Grüße
> Der Ketten-Mann

a) Nimm an, es halten sich alle an die Anweisung. Gib die Anzahl der Briefe an, die von Elkes Empfängern weitergeschickt werden.

______

b) Skizziere ein Baumdiagramm, dass den Kettenbrief beschreibt.

3 Beschreibe ein Zufallsexperiment, zu dem das abgebildete Baumdiagramm gehören könnte.

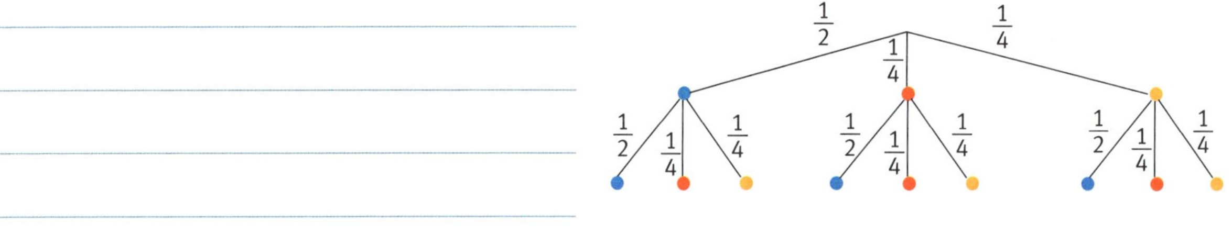

Schülerbuch Seite 82

4 Arielle hat 10 blaue und 10 weiße Wäscheklammern in einem Beutel.

a) Gedankenverloren greift sie in den Beutel hinein und holt ohne hinzusehen zwei Wäscheklammern gleichzeitig heraus. Zeichne das zugehörige Baumdiagramm.

b) Gib die Anzahl an Wäscheklammern an, die Arielle mindestens gleichzeitig herausholen muss, um mit Sicherheit zwei gleichfarbige zu haben? __________________

5 Uli, Mohamed, Kalle und Enisa hatten eine Wette laufen, wobei jeder einen Einsatz von 50 Euro erbringen musste. Nun steht fest, dass Kalle die Wette gewonnen hat! Laut jubelnd wirft er seinen Gewinn, drei 50-Euro-Scheine, hoch in die Luft. Wie viele Ergebnisse lassen sich beim Werfen der Scheine unterscheiden, wenn bei der Landung auf dem Boden nur betrachtet wird, welche Seite der Scheine oben liegt (Vorderseite V oder Rückeite R)? Zeichne zuerst das zugehörige Baumdiagramm.

Wahrscheinlichkeiten bestimmen

1 Ein Kegel aus Holz wurde 2000-mal geworfen. In Position 1 ist er 1941-mal liegen geblieben, in Position 2 dagegen nur 59-mal.
Nun wird der Kegel erneut geworfen.

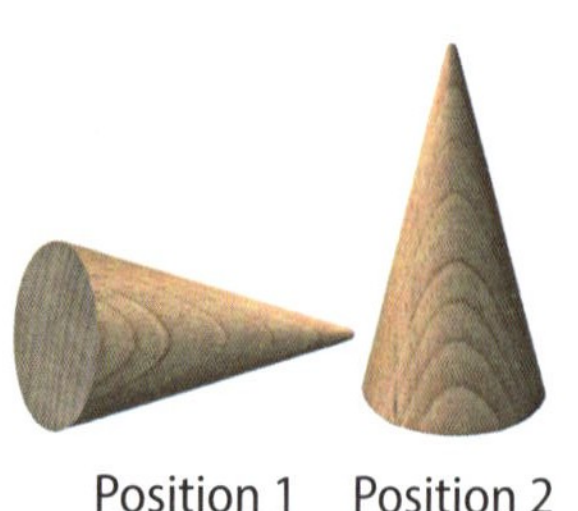

Position 1 Position 2

a) Erläutere, wie groß du die Wahrscheinlichkeit schätzt, dass der Kegel in Position 1 liegen bleibt.

b) Gib die Wahrscheinlichkeit für das Ergebnis „Position 1, Position 1, Position 1" beim dreimaligen Werfen des Kegels an.

2 Zwei große Spielwürfel aus Schaumstoff, ein blauer und ein schwarzer, werden nacheinander geworfen. Wie groß ist die Wahrscheinlichkeit des Ereignisses E: „Mindestens einer der beiden Spielwürfel zeigt die Augenzahl Sechs an"? Kreuze alle richtigen Antworten an.

☐ $P(E) = \frac{1}{6} \cdot \frac{5}{6}$ ☐ $P(E) = \frac{1}{6} \cdot \frac{1}{6} + \frac{1}{6} \cdot \frac{5}{6} + \frac{5}{6} \cdot \frac{1}{6}$ ☐ $P(E) = \frac{1}{6} \cdot \frac{5}{6} + 2$ ☐ $P(E) = 1 - \frac{5}{6} \cdot \frac{5}{6}$

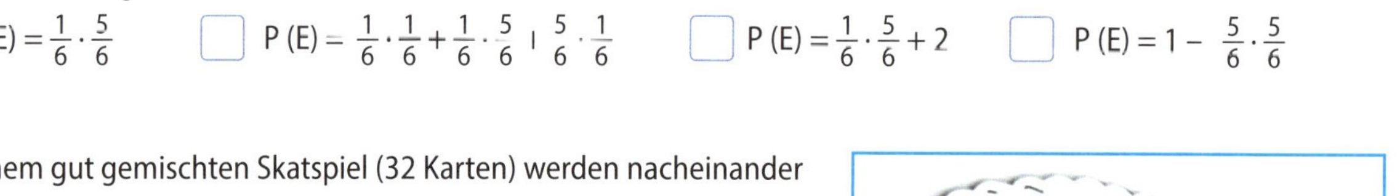

3 Aus einem gut gemischten Skatspiel (32 Karten) werden nacheinander zwei Karten gezogen, wobei die als Erstes gezogene Karte nicht zurückgelegt wird.

a) Wie groß ist die Wahrscheinlichkeit, dass die erste Karte ein Ass und die zweite ein König ist?
Bestimme mithilfe eines vereinfachten Baudiagramms die Wahrscheinlichkeit, dass die erste Karte ein Ass und die zweite Karte ein König ist.

$\frac{4}{32}$ Ass — $\frac{4}{31}$ König
Ass — $\frac{27}{31}$ kein König
$\frac{28}{32}$ kein Ass

1. Karte 2. Karte

b) Als erste Karte wurde ein König gezogen. Erläutere, wie groß jetzt die Wahrscheinlichkeit ist, dass die zweite Karte ein Ass wird.

➲ Schülerbuch Seite 86

4 Die Hollywood-Schauspielerin Miranda Movie hat in ihrer Handtasche fünf bis auf die Farbe identische Lippenstifte. Davon ist einer violett, die anderen vier sind rot. Ohne hinzusehen greift sie in ihre Handtasche hinein und zieht zwei Lippenstifte auf einmal heraus.

5 Zwei Mitarbeiter eines Schokoladenherstellers (J.B. und K.H.) diskutieren darüber, einer Packung weißer und schwarzer Schafe einen Spielvorschlag für Kinder beizulegen. Sie entscheiden sich für „Erwisch' kein schwarzes Schaf", wissen aber nicht, welchen Vorschlag sie als Anweisung wählen sollen:

Ich schlage vor: „ein Schaf mit verbundenen Augen aus einer Herde mit vier weißen und zwei schwarzen zu ziehen".

Ich schlage vor: „nacheinander zwei Schafe mit verbundenen Augen aus einer Herde mit fünf weißen und einem schwarzen zu ziehen, wobei das zuerst gezogene nicht in die Herde zurückgestellt wird".

Begründe, bei welchem Vorschlag die Wahrscheinlichkeit größer ist „kein schwarzes Schaf zu erwischen".

1 Vervollständige die Vierfeldertafel.

a)

	K	$\overline{K}$	gesamt
M		72	212
$\overline{M}$	44		
gesamt		120	

b)

	G	$\overline{G}$	gesamt
V	12 %		
$\overline{V}$			35 %
gesamt	15 %		

2 a) Übertrage die Angaben aus dem Baumdiagramm in die Vierfeldertafel.

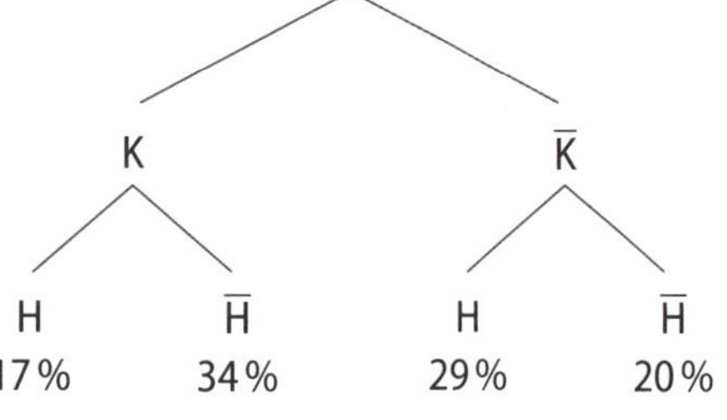

	K		gesamt
gesamt			

b) Gib eine Sachsituation an, die zu dem Baumdiagramm bzw. der Vierfeldertafel passen kann.

3 Vervollständige die Vierfeldertafel und zeichne ein zugehöriges Baumdiagramm. Schreibe an die Enden des Baumdiagramms die zugehörigen Anzahlen aus der Vierfeldertafel.

	Gerät defekt (D)	Gerät nicht defekt ($\overline{D}$)	gesamt
Gerät aussortiert (A)	40		45
Gerät nicht aussortiert ($\overline{A}$)		1320	
gesamt	55		

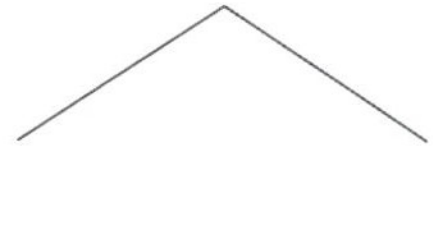

4 Radiowerbung wirkt. Die Befragung eines Marktforschungsunternehmens ergab, dass etwa 25 % der Hörer Radiowerbung wahrnehmen (W). Insgesamt kaufen 12 % der Hörer das beworbene Produkt (P); $\frac{5}{6}$ der Käufer haben vorher die Werbung wahrgenommen.
Bestimme mithilfe einer Vierfeldertafel die Wahrscheinlichkeit dafür, dass ein Hörer, der ein beworbenes Produkt kauft, zuvor die Werbung im Radio wahrgenommen hat.

	W		gesamt
gesamt			

Schülerbuch Seite 90

Simulation stochastischer Vorgänge

1 Kreuze bei jeder Situation an, ob sie mit „Ziehen ohne Zurücklegen" oder „Ziehen mit Zurücklegen" verglichen werden kann.

	Situation	vergleichbar mit Ziehen …	
		ohne Zurücklegen	mit Zurücklegen
a)	Auf einer Kirmes zieht Paul nacheinander 10 Lose an der Losbude.	☐	☐
b)	Saskia dreht bei einem Gewinnspiel zwei Mal ein Glücksrad.	☐	☐
c)	Martin würfelt bei einem Spiel mit zwei Würfeln. Wenn die Augensumme größer als 6 ist, dann kann er weiter gehen, ansonsten muss er warten.	☐	☐
d)	Bei einem Skatspiel erhält Ahmet zu Beginn 8 zufällig gezogene Karten aus dem Kartenspiel.	☐	☐

2 Ein Gummischwein, das entweder auf der Seite oder auf den Füßen landet, und ein Farbwürfel (rot, gelb, grün, blau, weiß und schwarz) werden gleichzeitig geworfen.

a) Gib an, aus welchen Teilexperimenten sich das beschriebene Zufallsexperiment zusammensetzt.

b) Bestimme die Anzahl der verschiedenen Ergebnisse.

3 Beim Roulette kann die Spielkugel bei jeder Drehung des Spielrades in einem Feld der Zahlen von 0 bis 36 landen. Dabei sind 18 Zahlen rot markiert, 18 Zahlen schwarz und die 0 ist „neutral".
Je nachdem, wo man auf dem Spielfeld seinen Einsatz platziert, bekommt man bei einem Gewinn seinen Einsatz vervielfacht.

a) Ergänze die Tabelle.

Bezeichnung	Wetten auf …	Zahlen	Gewinnwahrscheinlichkeit
plein	eine Zahl	z. B.	
RED	alle roten Zahlen		
2ND 12	zweites Duzend		

b) Bestimme die Wahrscheinlichkeit dafür, dass zweimal hintereinander …

1 eine schwarze Zahl kommt:

2 die Zahl 23 gezogen wird:

➲ *Schülerbuch Seite 98*

I. Baumdiagramme und Pfadregeln anwenden

1 Ein Süßwarenhersteller wirbt mit Sammelfiguren in jeder sechsten Süßware. Peter kauft wahllos drei Süßwaren.

a) Erstelle für den Sachverhalt ein passendes Baumdiagramm.

b) Bestimme die Wahrscheinlichkeit als Bruch und in Prozent, dass Peter (1) drei (2) zwei Sammelfiguren erhält.

II. Vierfeldertafeln nutzen

2 Der Ausschnitt aus einem Zeitungsartikel enthält Informationen über Personenschäden (P) sowie den Einfluss von Rauschmitteln (R), die bei den Unfällen festgestellt wurden. Als Unfall mit Personenschaden werden im Straßenverkehr alle Unfälle bezeichnet, bei denen mindestens eine Person verletzt oder getötet wurde, unabhängig von der Höhe des Sachschadens.

Wieder zahlreiche Autounfälle im letzten Jahr
Wiesbaden – Laut Statistischem Bundesamt hat die Polizei in Deutschland 2 414 011 Unfälle im Straßenverkehr erfasst, davon waren 219 105 mit Personenschaden. Unter den Unfällen mit Personenschaden waren 54 582 Unfälle, bei denen Rauschmittel wie Alkohol im Spiel waren. Insgesamt registrierte die Polizei bei 27 % aller Unfälle im Straßenverkehr Rauschmittel.

a) Erstelle eine Vierfeldertafel zu dem Sachverhalt.

	P		gesamt
gesamt			

b) Beantworte mithilfe der Vierfeldertafel die folgenden Aufgaben. Runde geeignet.

1	Bestimme die Anzahl an Verkehrsunfällen mit Personenschaden, bei denen kein Rauschmittel im Spiel war.	
2	Gib den Anteil an Verkehrsunfällen ohne Personenschaden an.	
3	Bestimme den Anteil der Unfälle mit Personenschaden und Rauschmitteln an allen Unfällen, bei denen Rauschmittel festgestellt wurden.	

III Stochastische Vorgänge simulieren

3 Bei einem Gewinnspiel darf Gesa zwei Kugeln aus einem Glas ziehen. In diesem Glas befinden sich vier gleichartige undurchsichtige Kugeln, die jeweils einen Zettel enthalten, auf dem 50 €, 20 €, 10 € bzw. „leider nichts" steht.

Gesa zieht eine Kugel, öffnet sie, notiert die Aufschrift und legt die Kugel mit dem Zettel wieder verschlossen in das Glas zurück. Dann zieht sie erneut. Die Gewinne auf dem Zettel bekommt sie anschließend ausbezahlt.

a) Gib die Beträge an, die Gesa gewinnen kann.
Tipp: Du kannst dazu ein Baumdiagramm nutzen.

Mögliche Gewinne: ______

b) Bestimme die Wahrscheinlichkeit, mit der Gesa die folgenden Gewinne erhält:

A: genau 100 €		B: mindestens 30 €	
C: höchstens 20 €		D: weniger als 20 €	

c) Begründe, dass die Gewinnwahrscheinlichkeiten für 100 € Gewinn und 0 € Gewinn gleich sind.

______

______

Teil	Ich kann bei einfachen Aufgaben ...	Aufgaben	Kreuze an. 0–2	3–4	5–6
I.	Baumdiagramme und Pfadregeln anwenden.	1	☹	😐	☺
II.	Vierfeldertafeln nutzen.	2	☹	😐	☺
III.	Stochastische Vorgänge simulieren.	3	☹	😐	☺

Sinus und Kosinus im rechtwinkligen Dreieck

1 Markiere für den angegebenen Winkel die Ankathete in blau, die Gegenkathete in grün und die Hypotenuse in rot. Schreibe den Sinus und Kosinus als Verhältnis der Seitenlängen.

a) t, s, r, α

$\sin\alpha =$ ☐

$\cos\alpha =$ ☐

b) w, v, u, β

$\sin\beta =$ ☐

$\cos\beta =$ ☐

c) γ, y, z, x

$\sin\gamma =$ ☐

$\cos\gamma =$ ☐

d) a, c, b, δ

$\sin\delta =$ ☐

$\cos\delta =$ ☐

2 Berechne den Winkel α mithilfe der gegebenen Schrittfolge. Runde geeignet.

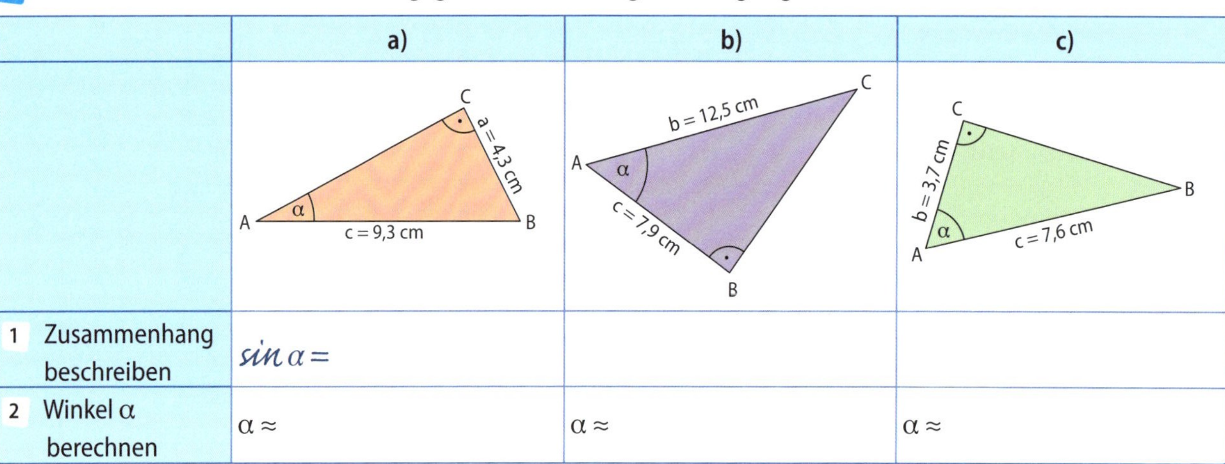

	a)	**b)**	**c)**
1 Zusammenhang beschreiben	*sin* $\alpha =$		
2 Winkel α berechnen	$\alpha \approx$	$\alpha \approx$	$\alpha \approx$

3 Berechne die gesuchten, rot markierten Größen. Runde auf eine Dezimale.

a) **b)**

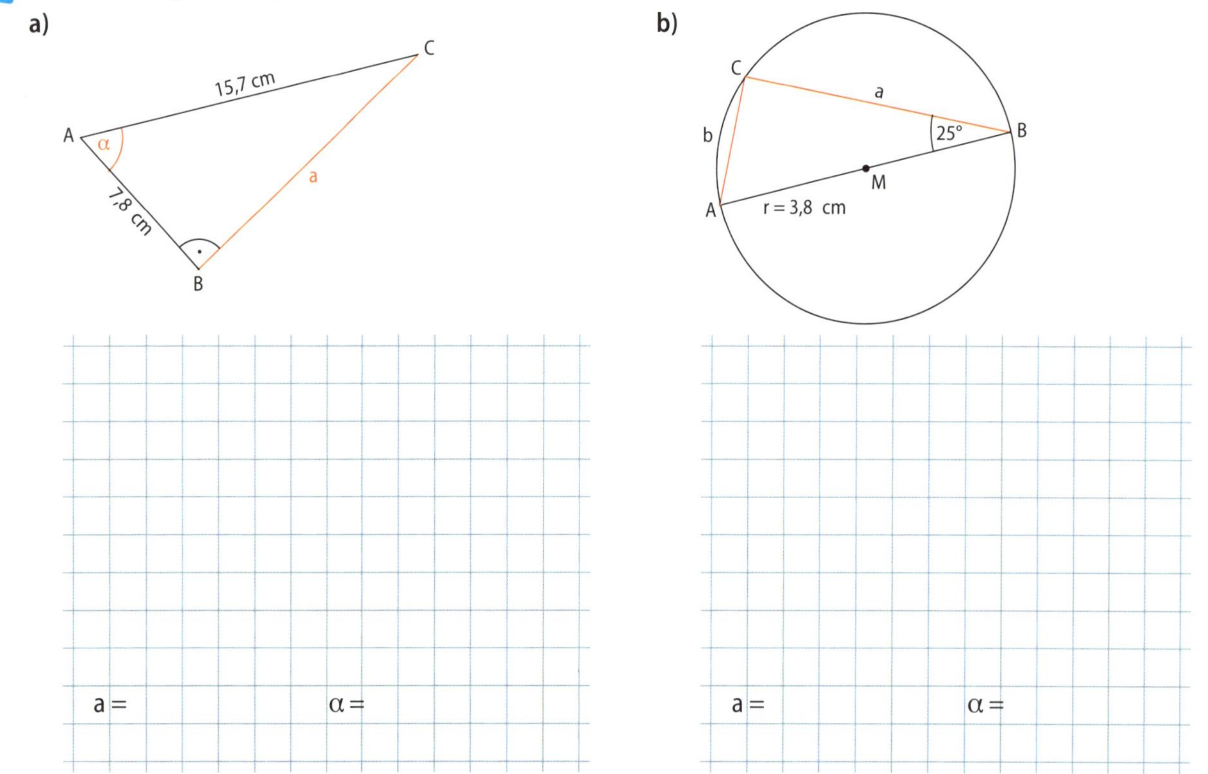

1 Bestimme $\tan\alpha$ und $\tan\beta$.

a)

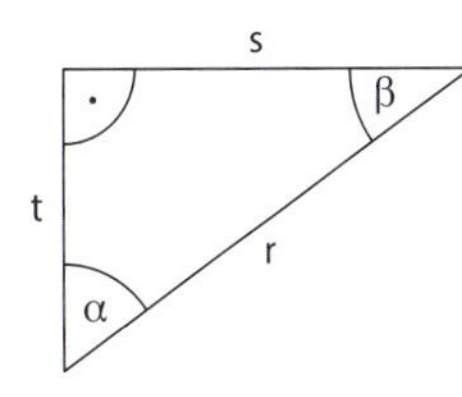

$\tan\alpha =$ ☐

$\tan\beta =$ ☐

b)

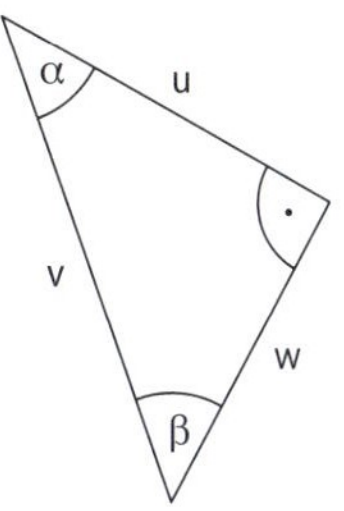

$\tan\alpha =$ ☐

$\tan\alpha =$ ☐

c)

s
β
α
m
m

$\tan\alpha =$ ☐

$\tan\alpha =$ ☐

d)

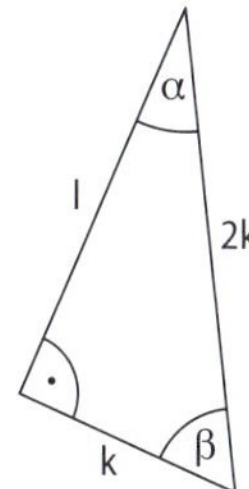

$\tan\alpha =$ ☐

$\tan\alpha =$ ☐

2 Bestimme die fehlenden Werte für $0° \leq a < 90°$. Runde geeignet.

a) $\tan 15° \approx$ ☐ **b)** $\tan 50° \approx$ ☐  **c)** $\tan 89° \approx$ ☐

d) tan ☐ $\approx 0{,}4877$ **e)** tan ☐ $\approx 2{,}0000$ **f)** tan ☐ $\approx 4{,}7046$

3 Beschreibe zunächst den Zusammenhang durch die Seitenbezeichnungen a, b und c. Bestimme dann die Größe des Winkels α auf drei Arten. Runde auf ganze Grad.

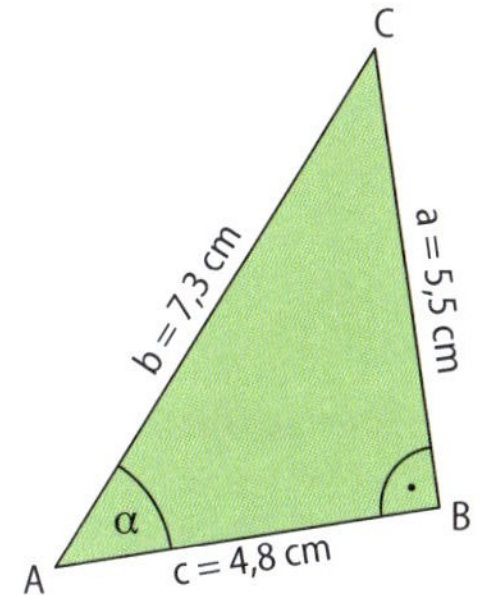

a) $\tan\alpha =$ ☐ **b)** $\sin\alpha =$ ☐ **c)** $\cos\alpha =$ ☐

$\tan\alpha =$ ☐ $\sin\alpha =$ ☐ $\cos\alpha =$ ☐

$\alpha \approx$ ☐ $\alpha \approx$ ☐  $\alpha \approx$ ☐

4 Berechne die gesuchten Größen. Runde auf eine Dezimale.

a)

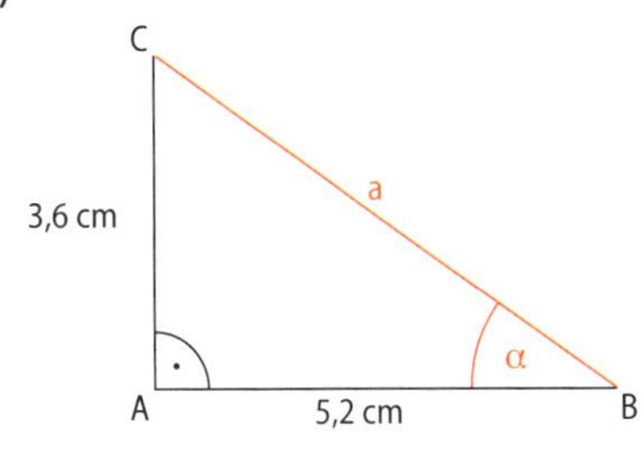

a = β =

b)

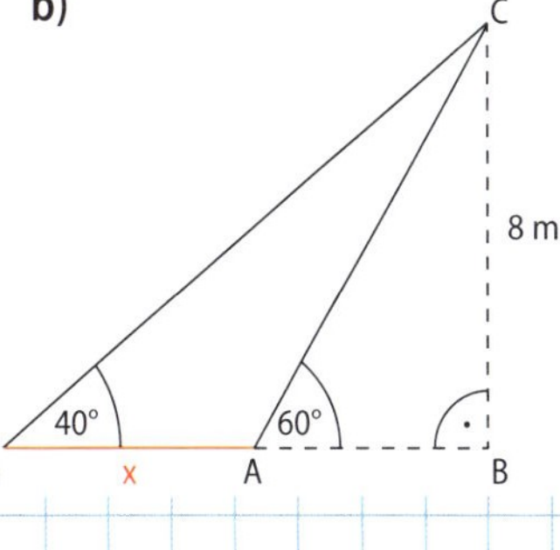

x =

➲ *Schülerbuch Seite 120*

Zusammenhänge zwischen Sinus, Kosinus und Tangens

1 a) Zeichne zu jedem Winkel die zugehörige Länge des Sinus- und Kosinuswertes ein.
b) Markiere gleiche Werte von Sinus und Kosinus in gleicher Farbe.

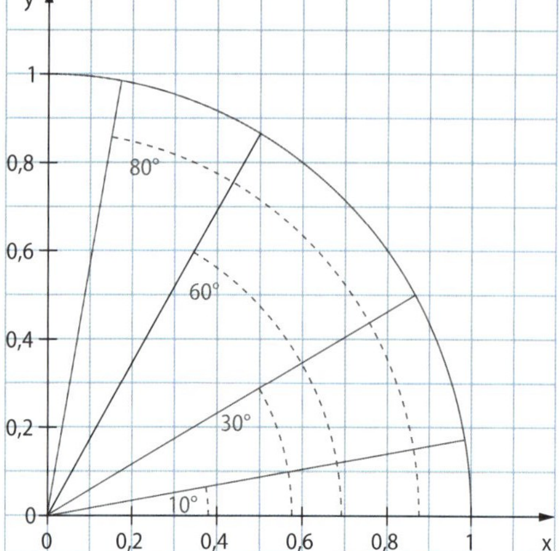

2 Verbinde wertgleiche Kärtchen miteinander.

sin 10° | sin 50° | sin 45° | sin 15° | sin 75° | sin 25°

cos 45° | cos 15° | cos 80° | cos 40° | cos 65° | cos 75°

3 Kreuze die richtige Lösung an, ohne den Taschenrechner zu verwenden.

a) tan 90°	☐ = 0	☐ = 1	☐ = 10 000	☐ nicht definiert
b) cos 0°	☐ = 0	☐ = 1	☐ $= \frac{1}{2}$	☐ nicht definiert
c) sin 42° – cos 48°	☐ = 0	☐ = 1	☐ > 1	☐ nicht definiert
d) $\tan\alpha = 6000$	☐ $\alpha = 0°$	☐ $\alpha = 10°$	☐ $\alpha \approx 89{,}99°$	☐ $\alpha = 90°$

4 Bestimme einen Winkel zwischen 180° und 360°, der denselben Kosinus- bzw. Tangenswert hat.

a) cos 110° = cos ☐ **b)** cos 75° = cos ☐ **c)** tan 135° = tan ☐

5 Überprüfe den Zusammenhang zwischen $\sin\alpha$, $\cos\alpha$ und $\tan\alpha$, indem du …

1 $\tan\alpha$ direkt berechnest. **2** den Zusammenhang $\tan\alpha = \frac{\sin\alpha}{\cos\alpha}$ nutzt.

Runde jeweils auf zwei Dezimalen.

	a) $\alpha = 20°$	**b)** $\alpha = 45°$	**c)** $\alpha = 60°$	**d)** $\alpha = 70°$	**e)** $\alpha = 80°$
$\sin\alpha$					
$\cos\alpha$					
$\tan\alpha$	1 2	1 2	1 2	1 2	1 2

 Schülerbuch Seite 122

1 Eine 10 m lange Leiter steht an einer Hauswand. Bestimme für die gegebenen Winkelmaße α die Höhe h und den Abstand x. Runde auf cm.

	$\alpha = 60°$	$\alpha = 75°$	$\alpha = 80°$
h			
x			

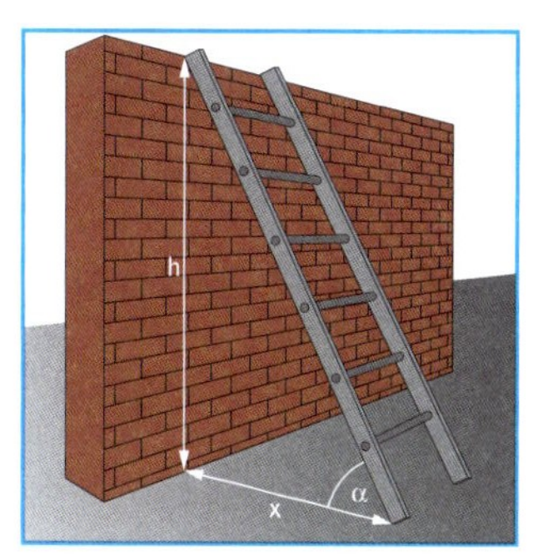

2 Die beiden Holme einer Stehleiter sind 3 m lang. Beim Aufstellen schließen sie einen Winkel von 30° ein. Berechne, wie hoch die Leiter reicht.

Antwort: Die Leiter reicht ________ m hoch.

3 a) Bestimme die Steigung in Prozent einer Straße mit dem Steigungswinkel $\alpha = 4°$. Runde auf ganze Prozent.

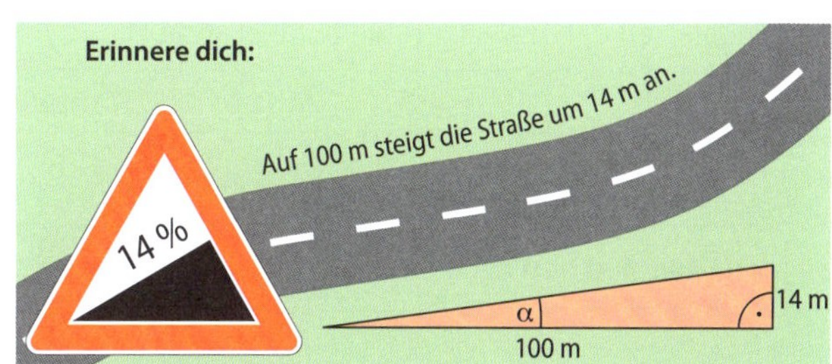

Steigung: ________ %

b) Die Schiene einer Bergbahn hat eine Steigung von 35 %. Berechne den Steigungswinkel α.

$\alpha \approx$ ________

4 a) Berechne die Länge l des äußeren Stahlseils der Brücke.

$l \approx$ ________ m

b) Berechne die Gesamthöhe des Mittelpfeilers.

$h \approx$ ________ m

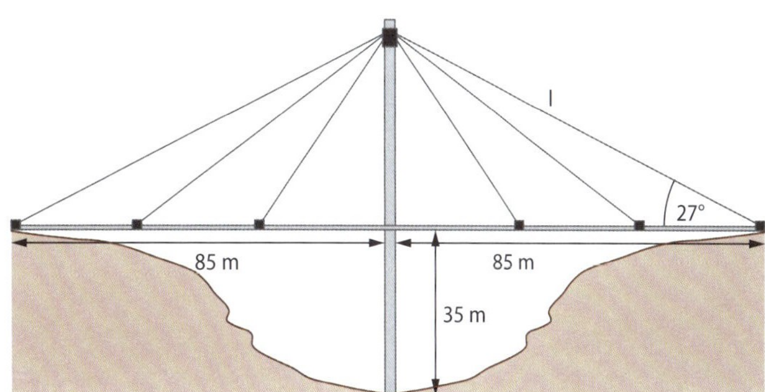

Schülerbuch Seite 124

5 Ein Drachenflieger startet von einem 120 m hohen Hügel und gleitet (ohne Aufwind) mit einem Gleitwinkel von ungefähr 7° ins Tal hinab.

a) Begründe, dass die eingezeichneten Winkel α gleich groß sein müssen.

Gleitstrecke g

Flugweite f

b) Bestimme die Flugweite f des Drachenfliegers.

Flugweite: f = ______ m

c) Berechne die Länge der Gleitstrecke g.

Gleitstrecke: g = ______ m

6 Vögel sind unterschiedlich gute Gleiter. Ihre Gleitfähigkeit wird als Verhältnis zwischen Höhenverlust und horizontal gemessener Flugstrecke festgelegt. Vervollständige die Tabelle, indem du für die Vogelarten den jeweiligen Gleitwinkel angibst.

Vogelart	Bussard	Möwe	Taube	Meise
Gleitfähigkeit	1 : 20	1 : 15	1 : 9	1 : 5
Gleitwinkel				

7 Die Abbildung soll die Lage von Berlin auf der Erdkugel skizzieren. Man sagt: „Berlin liegt zwischen dem 52. und 53. Breitengrad", d. h. auf einem Kreis, der vom Äquator um etwa 52,5° abweicht. Bestimme den Radius r dieses Kreises, wenn der Radius der Erde $R \approx 6370$ km beträgt. Nutze die Skizze und beschrifte sie geeignet.

Skizze:

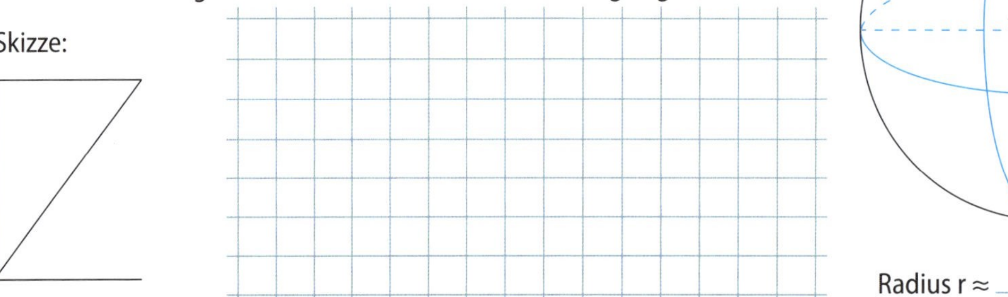

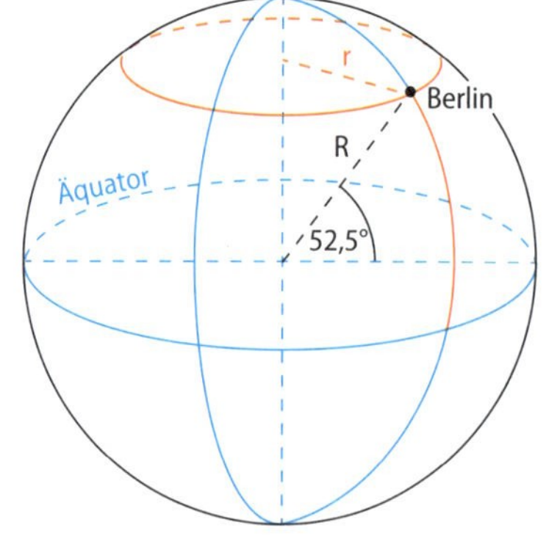

Radius r ≈ ______ km

Schülerbuch Seite 124

Zusammenhänge: Sinus und Kosinus in beliebigen Dreiecken

1 Kreuze alle Möglichkeiten an, die die Zusammenhänge richtig angeben.

a)

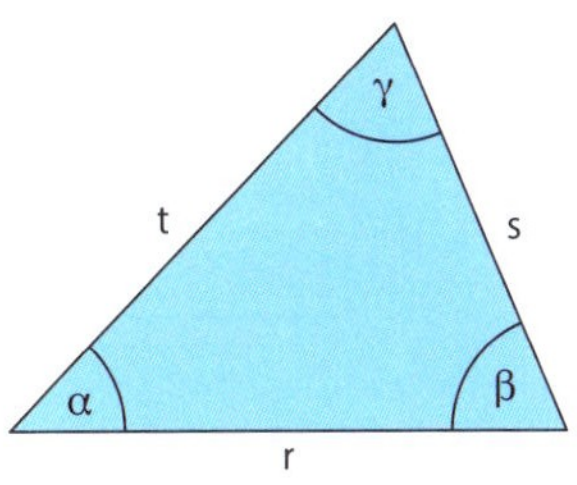

☐ $\frac{r}{\sin\alpha} = \frac{t}{\sin\gamma}$

☐ $\frac{s}{\sin\alpha} = \frac{t}{\sin\beta}$

☐ $\frac{t}{\sin\beta} = \frac{r}{\sin\alpha}$

☐ $\frac{s}{\sin\alpha} = \frac{r}{\sin\alpha}$

b)

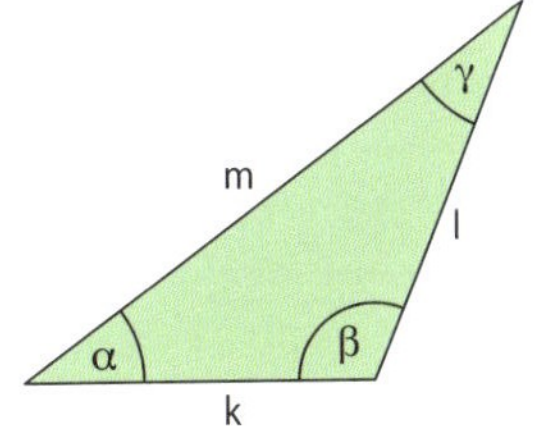

☐ $\frac{l}{\sin\alpha} = \frac{k}{\sin\gamma}$

☐ $\frac{k}{\sin\alpha} = \frac{m}{\sin\beta}$

☐ $\frac{m}{\sin\beta} = \frac{l}{\sin\alpha}$

☐ $\frac{k}{\sin\gamma} = \frac{l}{\sin\alpha}$

c)

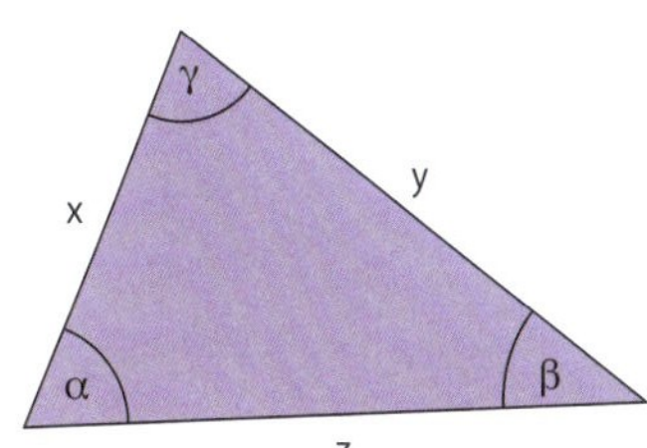

☐ $\frac{\sin\alpha}{y} = \frac{\sin\beta}{z}$

☐ $\frac{\sin\gamma}{z} = \frac{\sin\alpha}{y}$

☐ $\frac{\sin\beta}{x} = \frac{\sin\gamma}{y}$

☐ $\frac{y}{\sin\alpha} = \frac{z}{\sin\gamma}$

2 Ergänze in der Tabelle die fehlenden Größen des Dreiecks ABC. Runde geeignet.

	a)	b)	c)	d)	e)
a	7,5 cm	4,8 cm			17,1 m
b	3,4 cm		12,1 m		
c		9,2 cm		5,6 cm	
α	65°		35°	45°	
β			68°		27°
γ		110°		80°	95°

3 Bei einer Aufforstung soll ein künftiges Waldgrundstück, das näherungsweise dreieckig ist, eingezäunt werden, um es vor Wildverbiss zu schützen. Berechne die Länge des dafür notwendigen Zauns. Entnimm die Angaben der Zeichnung.

Zaunlänge: ________ m

4 Schreibe drei Möglichkeiten auf, um den Flächeninhalt des Dreiecks zu berechnen.

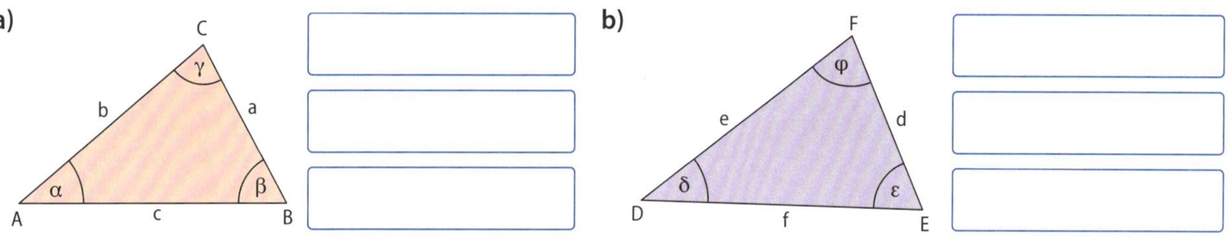

5 Berechne jeweils den Flächeninhalt der Dreiecke ABC. Die Lösungen ergeben in der Reihenfolge der Aufgabe eine Stadt in Brandenburg.

a) $a = 3{,}5\,cm;\ b = 7{,}1\,cm;\ \gamma = 32°$

b) $a = 6{,}2\,cm;\ c = 4{,}3\,cm;\ \beta = 85°$

c) $a = 4{,}8\,cm;\ b = 7{,}6\,cm;\ \gamma = 74°$

d) $b = 9{,}2\,cm;\ c = 2{,}8\,cm;\ \alpha = 55°$

e) $b = 1{,}8\,cm;\ c = 12{,}3\,cm;\ \alpha = 68°$

f) $a = 2{,}3\,cm;\ c = 7{,}0\,cm;\ \beta = 47°$

g) $b = 4{,}0\,cm;\ c = 8{,}2\,cm;\ \alpha = 20°$

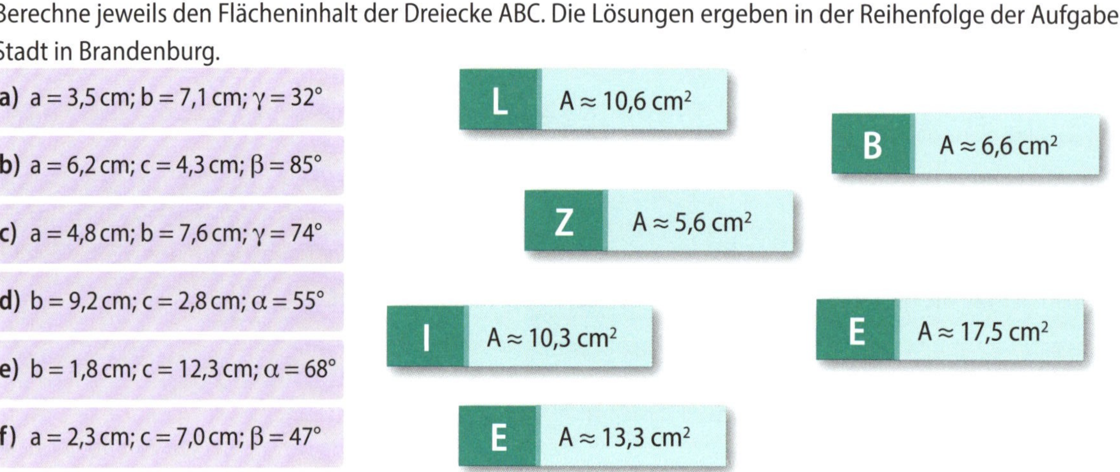

Lösungswort: ___ ___ ___ ___ ___ ___ ___

6 Frau Vollmer lässt ein 6,80 m breites Carport mit Satteldach bauen. Die vordere Dachfläche möchte sie noch mit Alublech verkleiden, um sie besser gegen Witterungseinflüsse zu schützen. Sie misst eine Dachschräge von 30° gegen die Horizontale. Wie viel Blech benötigt sie, wenn sie zusätzlich 10 % für Verschnitt einplant?

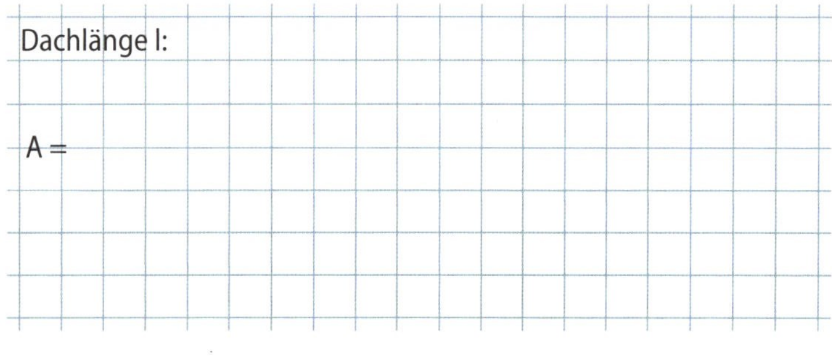

Frau Vollmer benötigt ____________ m^2 Alublech.

7 Berechne den Flächeninhalt des Trapezes (b = d).

c = 5 cm
d
h
b
60°
a = 8 cm

A = ____________

 ➲ *Schülerbuch Seite 128*

8 Stelle jeweils den Kosinussatz für das Dreieck mit den gegebenen Bezeichnungen auf.

a)

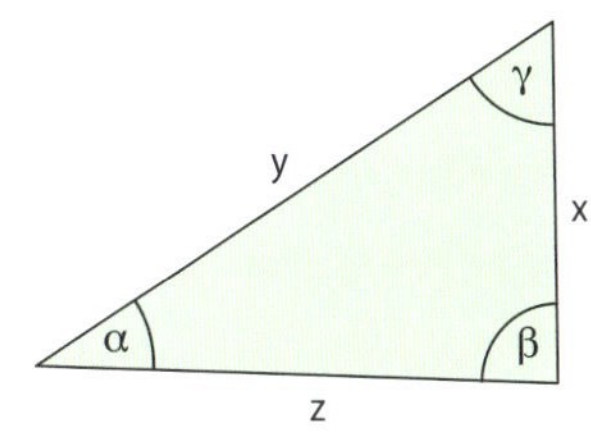

$x^2 =$

$y^2 =$

$z^2 =$

b)

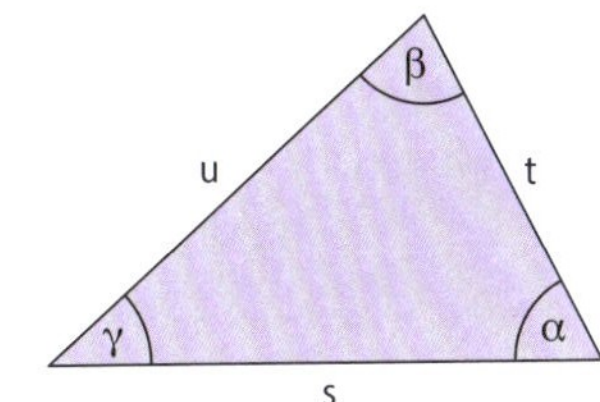

$s^2 =$

$t^2 =$

$u^2 =$

c)

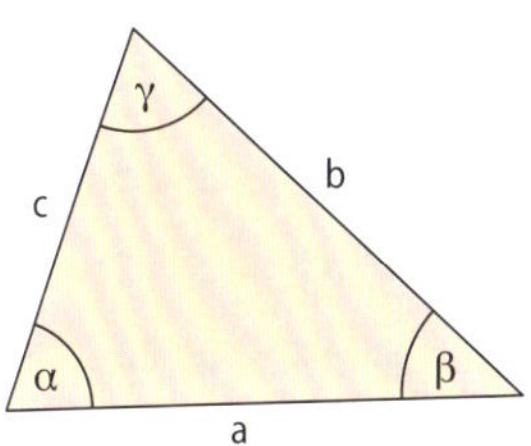

$a^2 =$

$b^2 =$

$c^2 =$

9 Zeige durch Umformung, dass der Satz des Pythagoras als Spezialfall des Kosinussatzes betrachtet werden kann. Gehe von einem Dreieck ABC mit $\gamma = 90°$ aus.

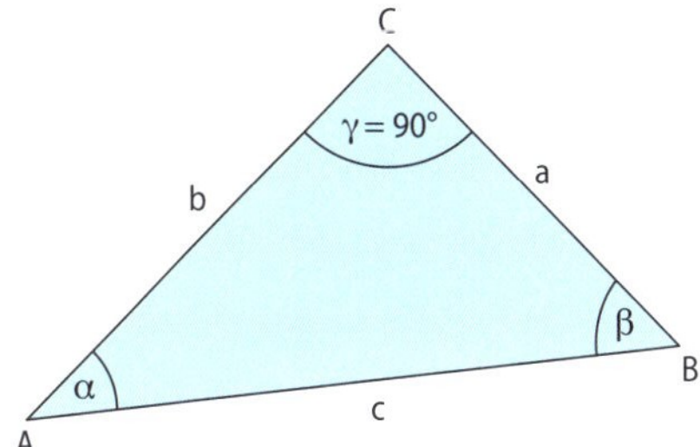

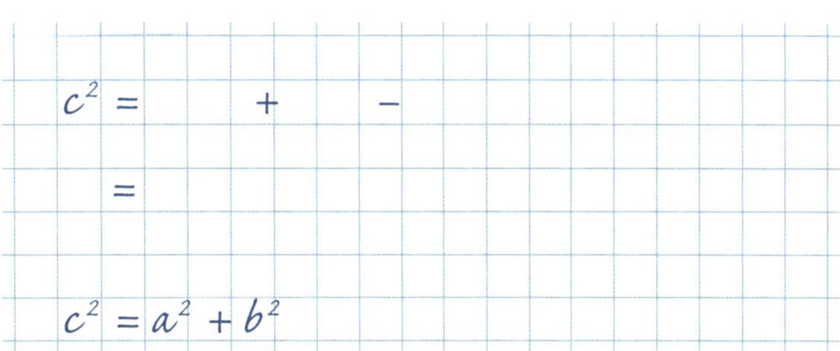

10 Bestimme die Größe der Innenwinkel des Dreiecks ABC.

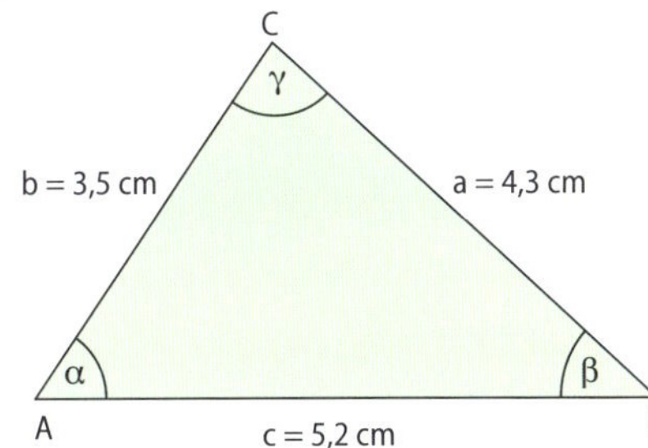

$\alpha \approx$

$\beta \approx$

$\gamma \approx$

11 An einem Binnensee in Deutschland verbindet eine Fähre die beiden eingezeichneten Orte. Bestimme die Länge s der Strecke, die die Fähre zurücklegt.

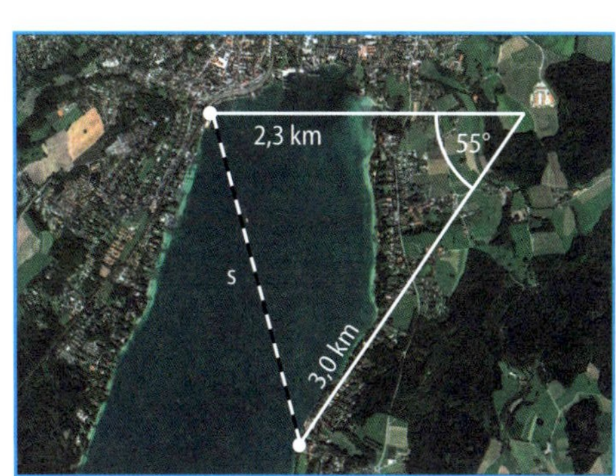

Länge der Fährverbindung: ____________ km

➲ *Schülerbuch Seite 128*

I. Zusammenhänge zwischen Sinus, Kosinus und Tangens anwenden

1 **a)** Bestimme die Koordinaten der Punkte am Einheitskreis. Runde auf zwei Dezimalen.

P_1 (______ | ______) P_2 (______ | ______)

P_3 (______ | ______) P_4 (______ | ______)

2 Für einen spitzen Winkel α gilt: sin α = 0,80.
Bestimme cos α und tan α ohne Verwendung des Taschenrechners.

$(\sin \alpha)^2 +$

II. Sinus, Kosinus und Tangens für Anwendungen nutzen

3 Ein Baum steht direkt am Ufer eines Sees. Um die Breite des Sees zu bestimmen, haben Landvermesser eine 30 m lange Strecke am gegenüberliegenden Ufer abgemessen und von den Endpunkten der Strecke den Baum jeweils unter einem Winkel von 71° anvisiert.
Bestimme die Länge des Baumes durch …

a) eine maßstäbliche Konstruktion.

b) Berechnung unter Nutzung der Winkelgrößen.

gemessene Seebreite: ______

berechnete Seebreite: ______

III. Zusammenhänge von Sinus und Kosinus in beliebigen Dreiecken anwenden

4 Die Karte zeigt die Lage einer beliebten Badestelle bei Brandenburg an der Havel.

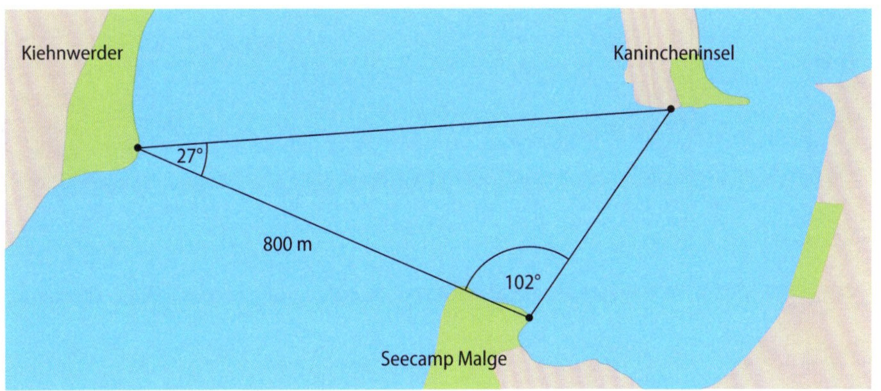

a) Schätze die Entfernung vom Seecamp zur Kanincheninsel: ____________

b) Berechne die Entfernung: ____________

5 Gib eine Formel an, mit der du aus den gegebenen Größen des Dreiecks den Flächeninhalt bestimmen kannst.

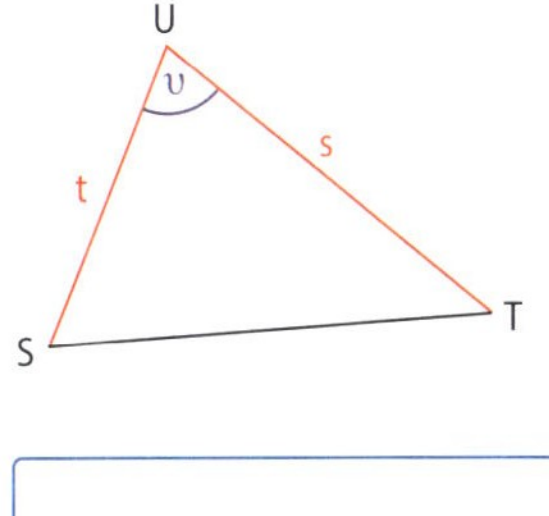

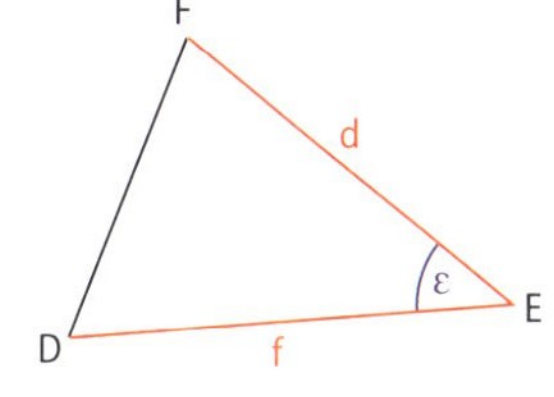

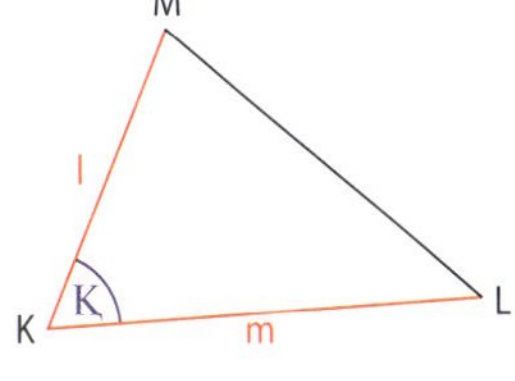

6 Markiere jeweils die gegebenen Größen an beiden Dreiecken.
Berechne den Flächeninhalt des Dreiecks mit $a = 5$ cm, $b = 7{,}5$ cm und $\gamma = 30°$.

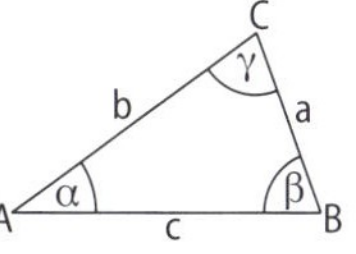

Teil	Ich kann bei einfachen Aufgaben ...	Aufgaben	Kreuze an.		
			0–2	3–4	5–6
I.	Zusammenhänge zwischen Sinus, Kosinus und Tangens anwenden.	1, 2	☹	😐	☺
II.	Sinus, Kosinus und Tangens für Anwendungen nutzen.	3	☹	😐	☺
III.	Zusammenhänge von Sinus und Kosinus in beliebigen Dreiecken anwenden.	4, 5, 6	☹	😐	☺

1 Zeichne in den Ausschnitt des Einheitskreises weitere rechtwinklige Dreiecke und finde damit die fehlenden Werte.

	α	$\sin\alpha$	$\cos\alpha$
a)	20°		
b)	30°		
c)	45°	0,71	
d)		0,87	
e)		0,98	
f)			0,95

2 Markiere alle Terme, die denselben Wert haben, mit gleicher Farbe.

$\cos 54°$ | $\sin \frac{7}{10}\pi$ | $\sin 126°$ | $\sin \frac{\pi}{3}$ | $\sin 210°$ | $\cos \frac{3}{10}\pi$

$\cos 30°$ | $\cos \frac{2}{3}\pi$ | $\cos 120°$ | $\sin 144°$ | $\cos \frac{\pi}{6}$ | $\sin 60°$

3 Kreuze an, ob die Aussage wahr oder falsch ist.

	Aussage	wahr	falsch
a)	$\sin 97° < \cos 97°$	☐	☐
b)	Für $\pi < x < 1{,}5\,\pi$ gilt: $\cos x < 0$.	☐	☐
c)	Ist $\alpha < \beta$, dann ist auch $\sin\alpha < \sin\beta$.	☐	☐
d)	Für $0° \le \alpha \le 180°$ gilt: $\sin\alpha \ge 0$.	☐	☐
e)	Für $\frac{\pi}{4} < x < \pi$ gilt: $\sin x > \cos x$.	☐	☐

4 Bestimme alle möglichen Werte für α im Intervall $0° \le \alpha \le 180°$.

a) $\sin 50° = \cos\alpha$ $\alpha =$ ______

b) $\cos 10° = \sin\alpha$ $\alpha =$ ______

c) $\sin 120° = \cos\alpha$ $\alpha =$ ______

d) $\cos 100° = \sin\alpha$ $\alpha =$ ______

Schülerbuch Seite 146

Das Bogenmaß

1 Verbinde die Angaben mit den entsprechenden Stellen am Einheitskreis.

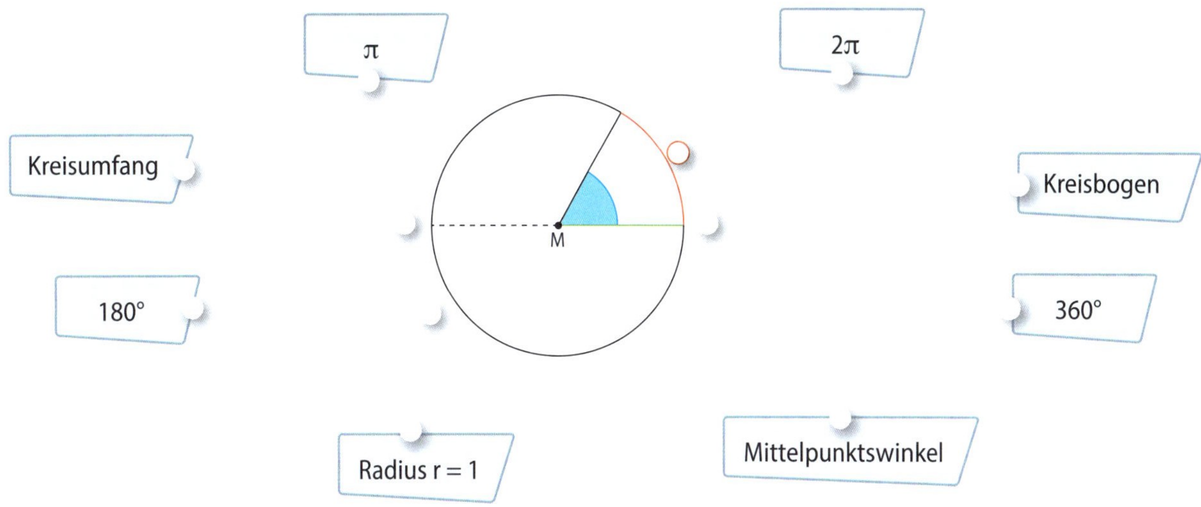

2 Ergänze die fehlenden Angaben zu Kreisbogen bzw. Mittelpunktswinkel am Einheitskreis.

a)

Mittelpunktswinkel α	0°	30°	45°	60°	90°	120°	135°	150°
Kreisbogen b								

b)

Mittelpunktswinkel α								
Kreisbogen b	π	$\frac{7}{6}\pi$	$\frac{4}{3}\pi$	$\frac{3}{2}\pi$	$\frac{5}{3}\pi$	$\frac{7}{4}\pi$	$\frac{11}{6}\pi$	2π

3 Kreuze die zwischen Kreisbogen und Mittelpunktswinkel des Einheitskreises gültigen Zusammenhänge an.

$b = 2\pi \cdot \alpha$	$\frac{b}{2\pi} = \frac{\alpha}{360°}$	$\frac{b}{\alpha} = \frac{\pi}{360°}$	$\frac{\alpha}{180°} = \frac{b}{\pi}$	$\frac{\alpha}{b} = \frac{360°}{2\pi}$	$\frac{\alpha}{360°} = \frac{2\pi}{b}$
☐	☐	☐	☐	☐	☐

4 Berechne die zugehörige Bogenlänge. Runde auf eine Dezimalstelle.

a) $r = 4\,\text{cm};\ \alpha = 90°$

b) $r = 5\,\text{cm};\ \alpha = 30°$

c) $r = 6\,\text{cm};\ \alpha = 120°$

d) $r = 0{,}5\,\text{cm};\ \alpha = 150°$

5 Berechne den Mittelpunktswinkel in Grad- und Bogenmaß. Runde auf eine Dezimalstelle.

a) $r = 4\,\text{cm};\ b = 5\,\text{cm}$

b) $r = 5\,\text{cm};\ b = 1\,\text{cm}$

c) $r = 10\,\text{cm};\ b = 20\,\text{cm}$

➲ *Schülerbuch Seite 148*

Die Sinusfunktion

1 **a)** Trage die fehlenden Werte in die Tabelle ein.

x	0	$\frac{1}{4}\pi$	$\frac{1}{2}\pi$	$\frac{3}{4}\pi$	π	$\frac{5}{4}\pi$	$\frac{3}{2}\pi$	$\frac{7}{4}\pi$	2π
sin x									

b) Zeichne den Graphen der Funktion f (x) = sin x in das vorgegebene Koordinatensystem.

2 Vervollständige den Steckbrief der Sinusfunktion.

Die Sinusfunktion	**Bogenmaß**	**Gradmaß**
Symmetrie		
Periodenlänge		
x-Koordinaten der Nullstellen	im Bereich $0 \le x \le 2\pi$:	im Bereich $0° \le \alpha \le 360°$:
Amplitude		
Wertebereich		
x-Koordinaten der Maximalstellen	im Bereich $0 \le x \le 2\pi$:	im Bereich $0° \le \alpha \le 360°$:
x-Koordinaten der Minimalstellen	im Bereich $0 \le x \le 2\pi$:	im Bereich $0° \le \alpha \le 360°$:
Monotonie		

➲ *Schülerbuch Seite 152*

1 Bestimme jeweils die Periodenlänge.

a)
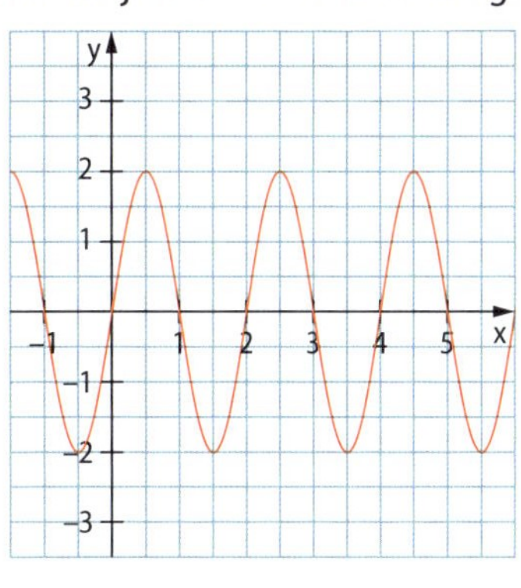

Periodenlänge: ______ Einheiten

b)
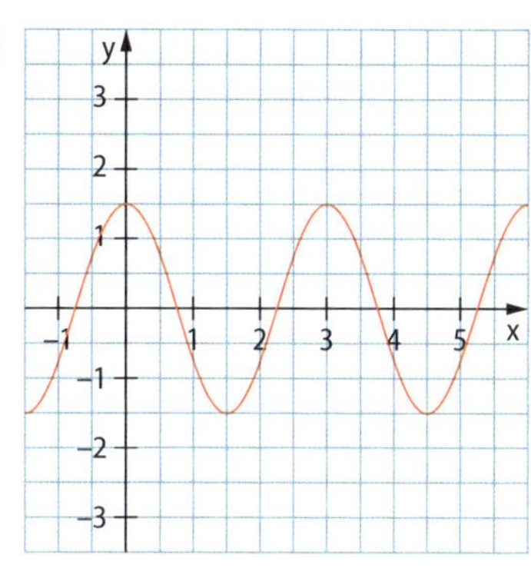

Periodenlänge: ______ Einheiten

c)
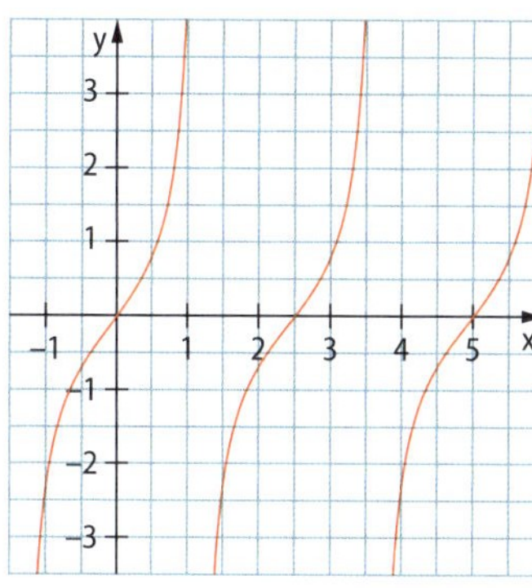

Periodenlänge: ______ Einheiten

2 a) Berechne die Funktionswerte. Runde auf eine Dezimalstelle. Ergänze dann die Tabelle für $0 \le x \le 2\pi$.

x	0	$\frac{\pi}{4}$	$\frac{\pi}{2}$	$\frac{3\pi}{4}$	π	$\frac{5\pi}{4}$	$\frac{3\pi}{2}$	$\frac{7\pi}{4}$	2π
1 $f(x) = -\sin x$									
2 $g(x) = 1{,}5 \sin x$									

b) Zeichne die Graphen der Funktionen aus a) in das abgebildete Koordinatensystem.

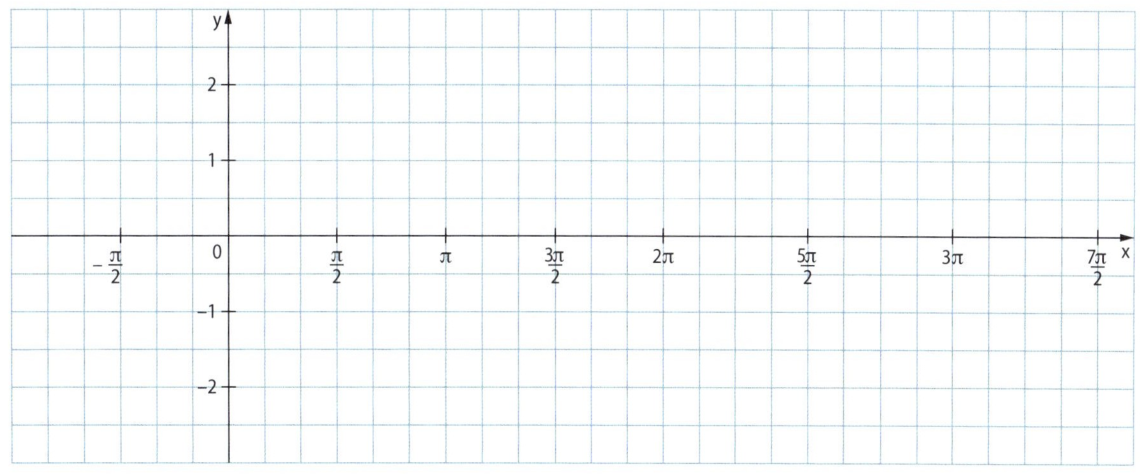

Begründe, weshalb die Werte in der Tabelle genügen, um den Graph auch für x-Werte außerhalb des Intervalls $[0; 2\pi]$ zeichnen zu können.

______

3 Bestimme den zugehörigen Funktionsterm.

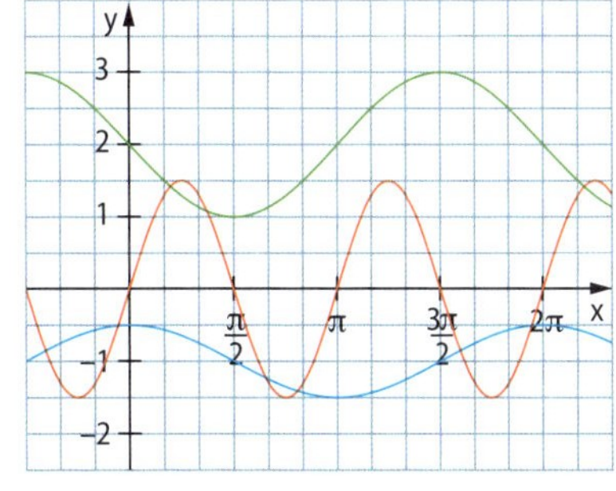

$f_1(x) =$ ______

$f_2(x) =$ ______

$f_3(x) =$ ______

Kosinusfunktion

1 **a)** Trage die fehlenden Werte in die Tabelle ein.

x	0	$\frac{1}{4}\pi$	$\frac{1}{2}\pi$	$\frac{3}{4}\pi$	π	$\frac{5}{4}\pi$	$\frac{3}{2}\pi$	$\frac{7}{4}\pi$	2π
cos x									

b) Zeichne den Graphen der Funktion $f(x) = \cos x$ in das vorgegebene Koordinatensystem.

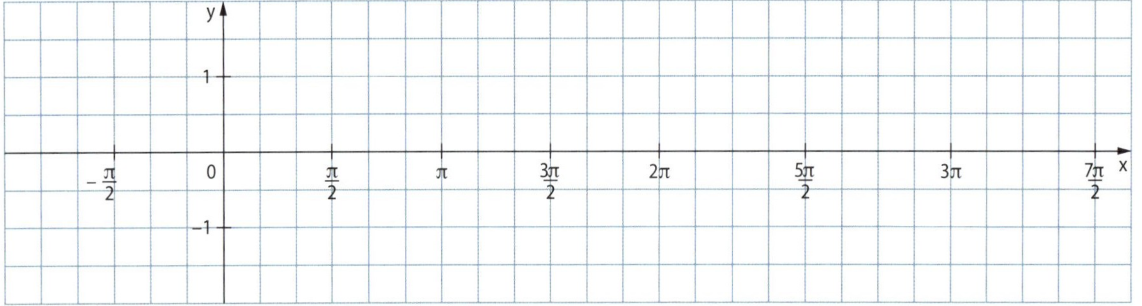

2 Ordne jeweils den abgebildeten Funktionsgraphen eine Funktionsgleichung zu, die die Kosinusfunktion enthält. Finde eine alternative Funktionsgleichung mithilfe der Sinusfunktion.

A 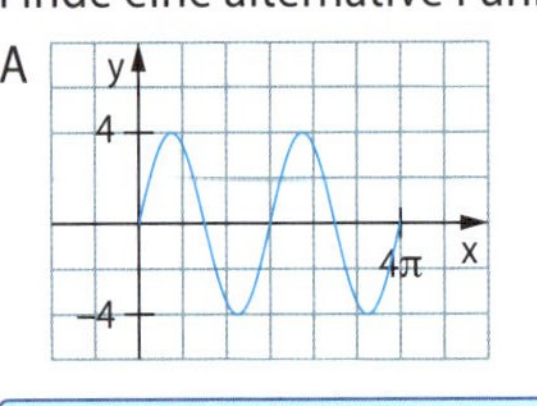 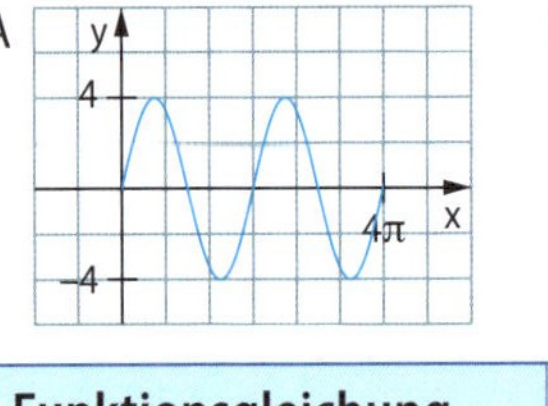 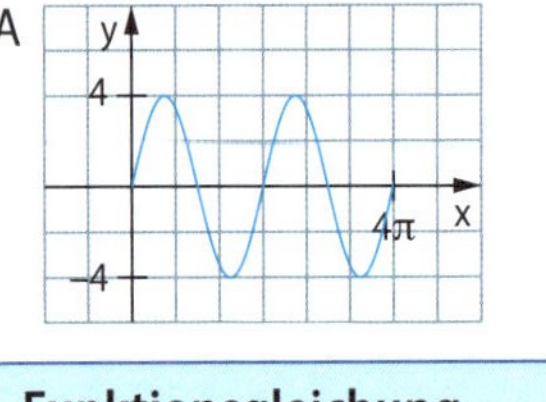 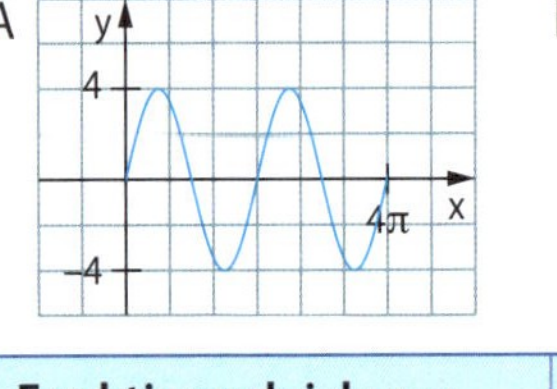 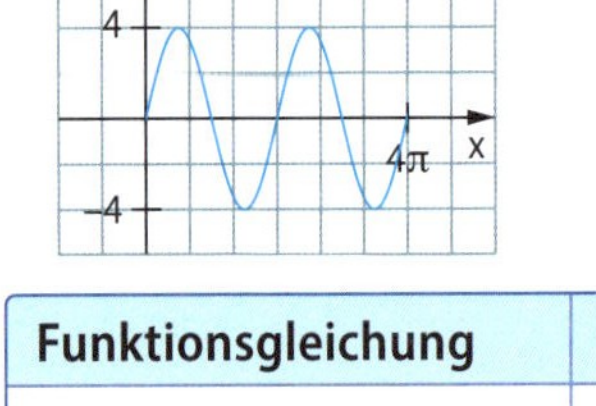 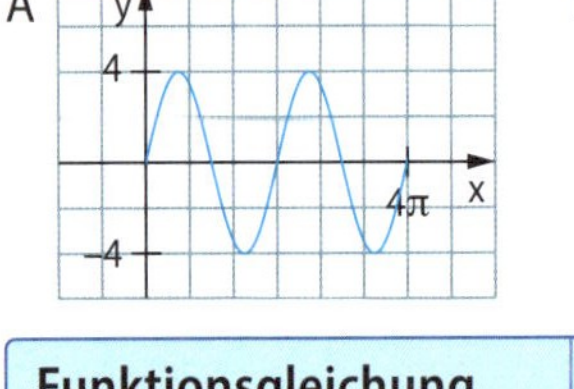 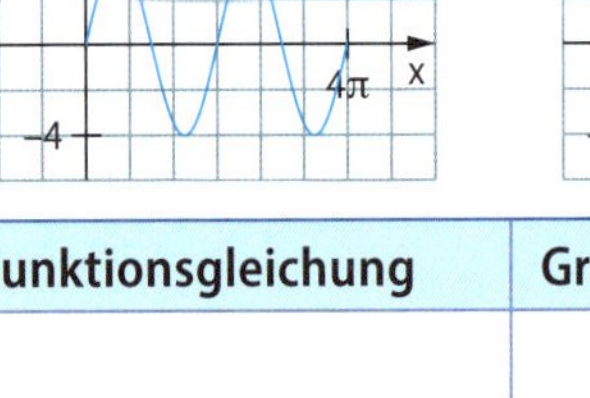 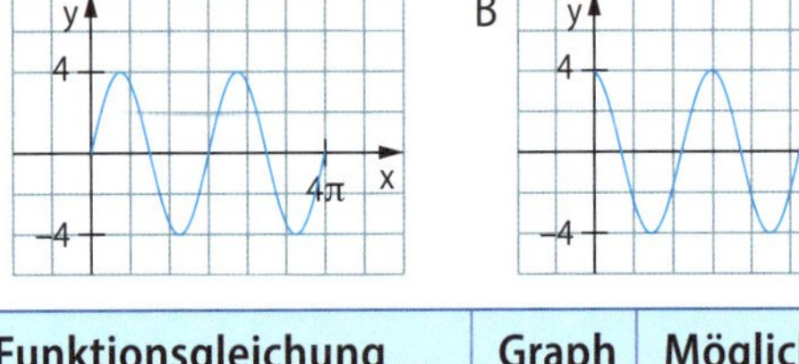 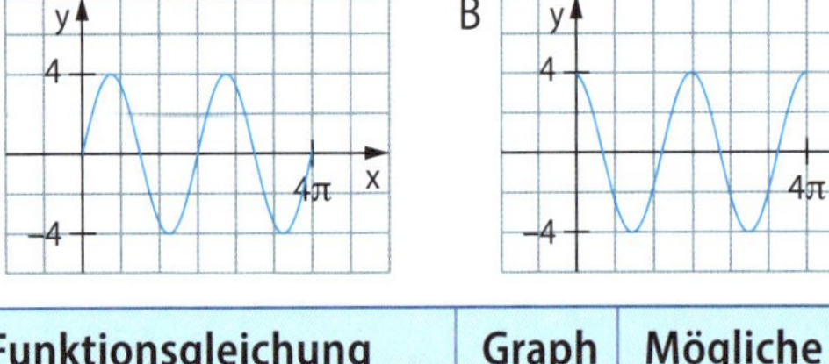

B 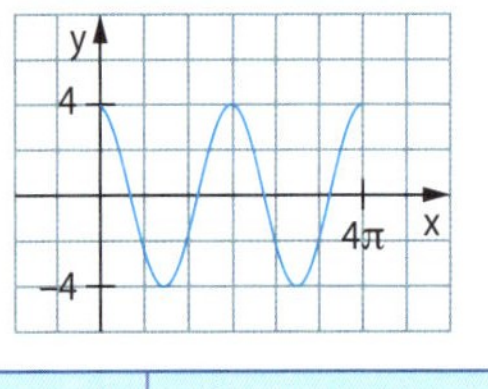 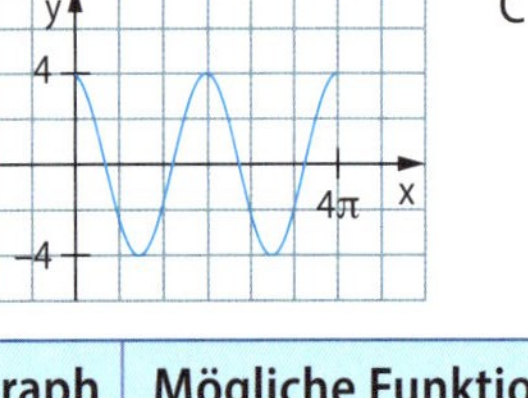 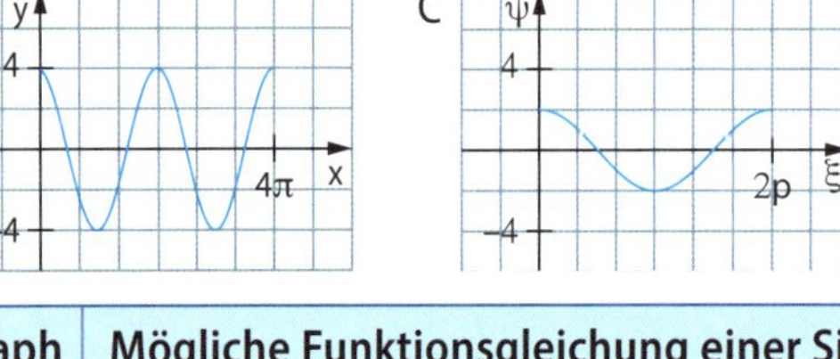

C 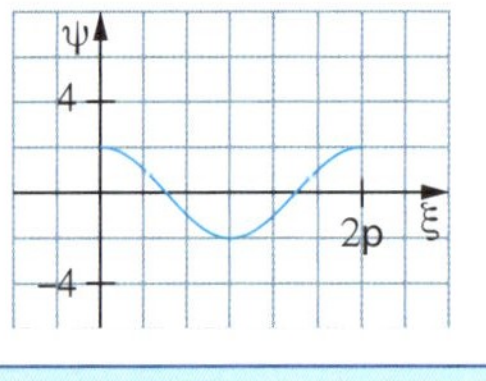 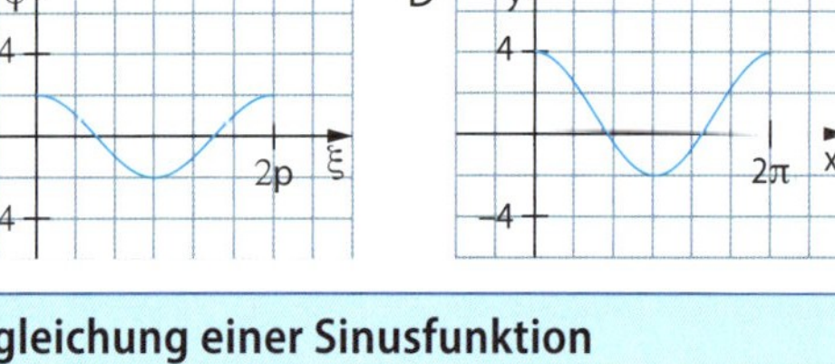 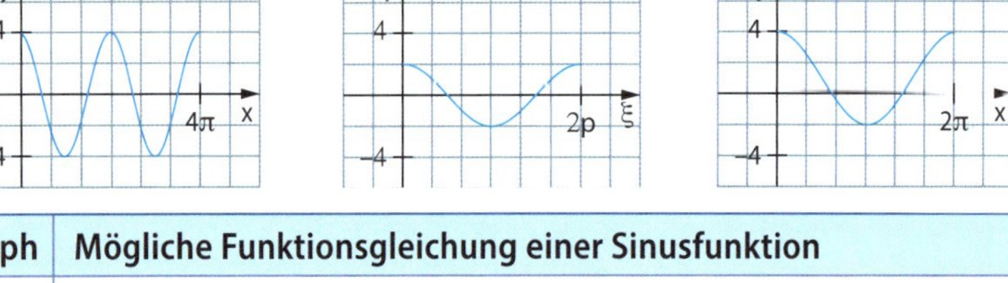 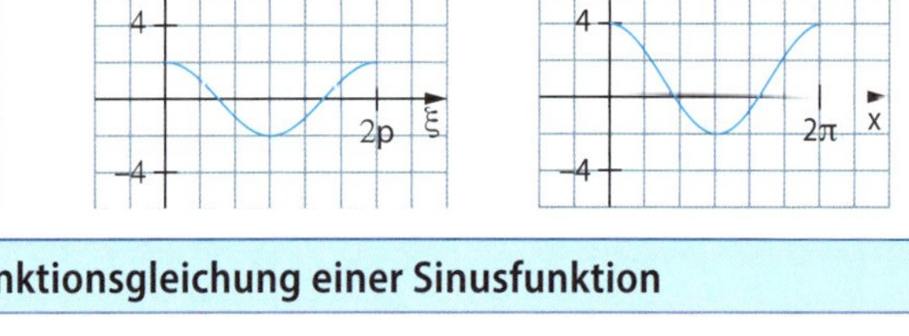

D 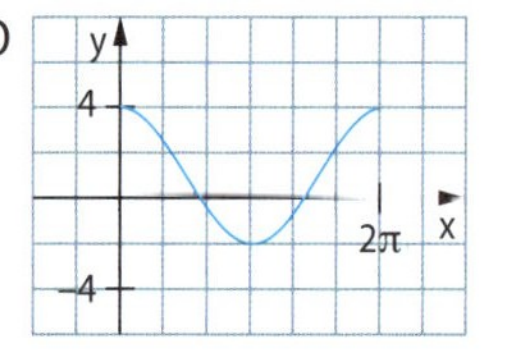 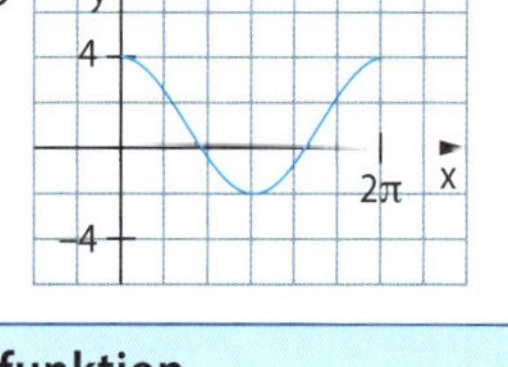 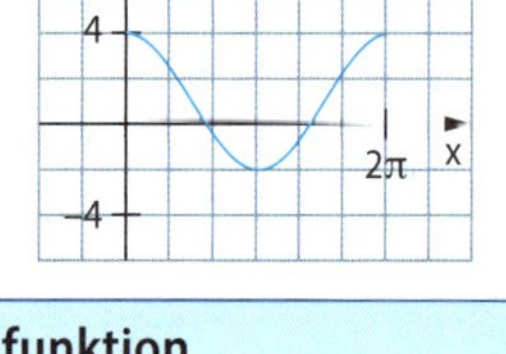

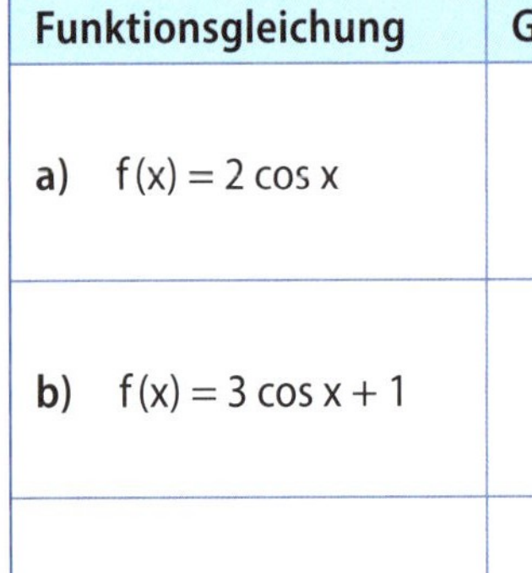

Funktionsgleichung	Graph	Mögliche Funktionsgleichung einer Sinusfunktion
a) $f(x) = 2\cos x$		
b) $f(x) = 3\cos x + 1$		
c) $f(x) = -4\cos(x - \pi)$		
d) $f(x) = 4\cos\left(x - \frac{\pi}{2}\right)$		

3 Bestimme den zugehörigen Funktionsterm zum Graph einer Kosinusfunktion

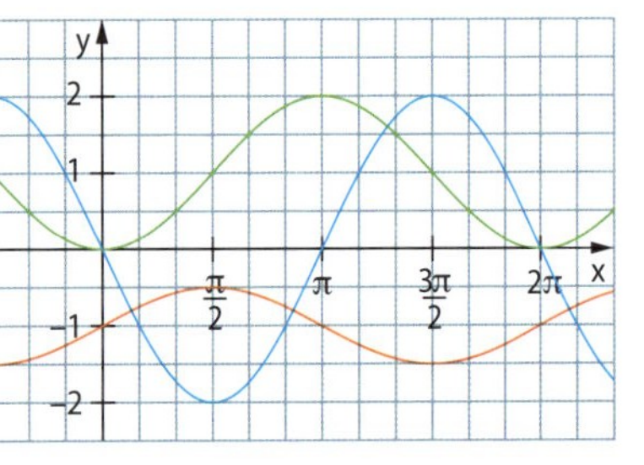

$f_1(x) =$ ______________________

$f_2(x) =$ ______________________

$f_3(x) =$ ______________________

Schülerbuch Seite 158

1 **a)** Übertrage die Höhen, die die Zeigerspitze der Uhr bei den Stundenmarkierungen erreicht, in das Koordinatensystem und vervollständige den Graphen.

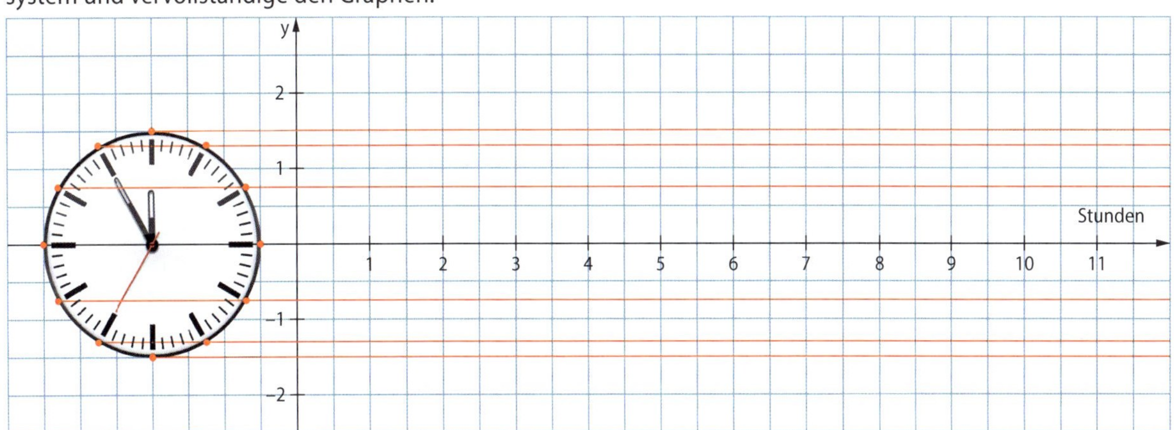

b) Der Funktionsterm unterscheidet sich von denjenigen, die du bisher kennen gelernt hast, dadurch, dass man beim Sinus keine Winkelmaße in Grad einsetzt, sondern reelle Zahlen (die Anzahl der Stunden). Einer der folgenden Funktionsterme ergibt den obigen Graphen. Finde es heraus, indem du ein Geometrieprogramm verwendest oder einige Werte einsetzt (z. B. x = 2, x = 3, …).

☐ $y = 1{,}5 \cdot \sin \frac{\pi \cdot (x+3)}{2}$ ☐ $y = 1{,}5 \cdot \sin x$ ☐ $y = 1{,}5 \cdot \sin \frac{\pi \cdot (x+3)}{6}$ ☐ $y = 1{,}5 \cdot \sin \frac{\pi \cdot x}{6}$

2 Der Wasserstand auf der Nordseeinsel Norderney schwankt zwischen 1 m bei Niedrigwasser und fast 3 m Flut bei Hochwasser. Die Schwankung des Wasserstandes lässt sich in Abhängigkeit von der Zeit x (in Stunden nach Niedrigwasser) näherungsweise durch $f(x) = a \cdot \cos\left(\frac{x}{6\pi}\right) + c$ beschreiben, wobei die Parameter a und c in Metern gemessen werden.

a) Bestimme die Parameter a und b. Beschreibe dein Vorgehen.

b) Skizziere den Wasserstand für einen Tag.

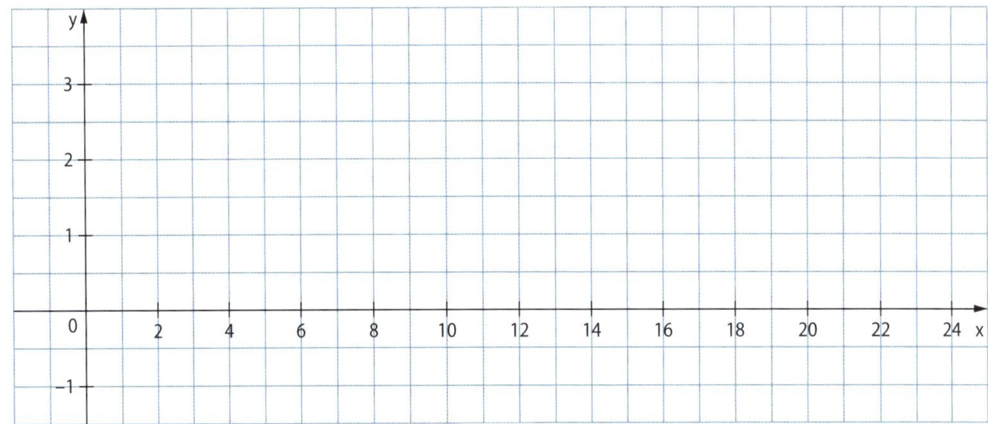

➲ *Schülerbuch Seite 160*

Funktionen und die Variation ihrer Parameter

1 Ergänze die fehlenden Angaben. x_0 ist die Nullstelle der Funktion.

	Funktionsgleichung	Steigung m	y-Achsenabschnitt t	x_0	Verlauf des Graphen
a)	$y = 2x - 5$				☐ steigend ☐ fallend ☐ parallel zur x-Achse
b)	$y = -2{,}5x + 10$				☐ steigend ☐ fallend ☐ parallel zur x-Achse
c)		$m = 0$	$t = 5{,}5$		☐ steigend ☐ fallend ☐ parallel zur x-Achse

2 Gib die Scheitelpunkte an.
Stelle die Funktionen graphisch dar.

	Gleichung	Scheitelpunkt
a)	$y = x^2 + 6x + 7$	
b)	$y = (x + 2)^2 + 1$	
c)	$y = (x + 2)^2 - 3$	
d)	$y = x^2 - 4x + 1$	
e)	$y = x^2 - 2x + 1$	

3 Vervollständige ohne Rechnung die Tabelle.

	Funktionsgleichung	Scheitelpunkt	Die Parabel ist … geöffnet nach …	gegenüber der Normalparabel …
a)	$y = 0{,}5 \cdot (x + 3)^2$	S (____ | ____)	☐ oben. ☐ unten.	☐ gestaucht. ☐ gestreckt. ☐ verschoben.
b)	$y = x^2 - 1$	S (____ | ____)	☐ oben. ☐ unten.	☐ gestaucht. ☐ gestreckt. ☐ verschoben.
c)	$y = -2 \cdot (3 - x)^2 - 2$	S (____ | ____)	☐ oben. ☐ unten.	☐ gestaucht. ☐ gestreckt. ☐ verschoben.
d)	y = ________	S (1 | 1)	☐ oben. ☐ unten.	☐ gestaucht. ☐ gestreckt. ☐ verschoben.
e)	y = ________	S (2 | –1)	☐ oben. ☐ unten.	☐ gestaucht. ☐ gestreckt. ☐ verschoben.

 ➲ *Schülerbuch Seite 162*

4 Connor MacLeod, der Held des Highlander-Films, wird im Jahre 1536 unsterblich und lebt deshalb noch heute. Wir nehmen an, dass er vor 450 Jahren den Gegenwert von heute 10 € bei einer Bank hinterlegt hat, die Bank heute noch existiert und keine Geldentwertungen o. Ä. stattgefunden haben.

a) Berechne den Geldbetrag, auf den das Guthaben nach 450 Jahren bei einem Zinssatz von 3 % (von 4,5 %) angewachsen wäre.

b) Erkläre, welches Diagramm die Entwicklung von Connors Guthaben richtig beschreibt.

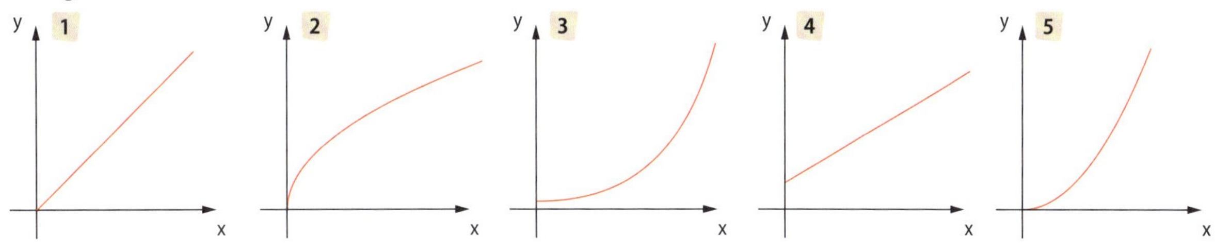

5 Stefan möchte sich für sechs Jahre eine Wohnung mieten.

a) Beim Abschluss des Mietvertrages wird eine jährliche Mietsteigerung von 1,1 % vereinbart.
Die Anfangsmiete beträgt monatlich 310 Euro.
Zeige rechnerisch, dass die monatliche Miete im letzten Mietjahr 327,43 € beträgt.

6 Nummeriere die Funktionsgleichungen mit den Nummern der zugehörigen Graphen.

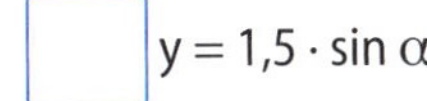

☐ $y = 1{,}5 \cdot \sin\alpha$ ☐ $y = \sin\alpha - 0{,}5$ ☐ $y = \sin(\alpha + 30°)$ ☐ $y = 0{,}8 \cdot \sin\alpha$

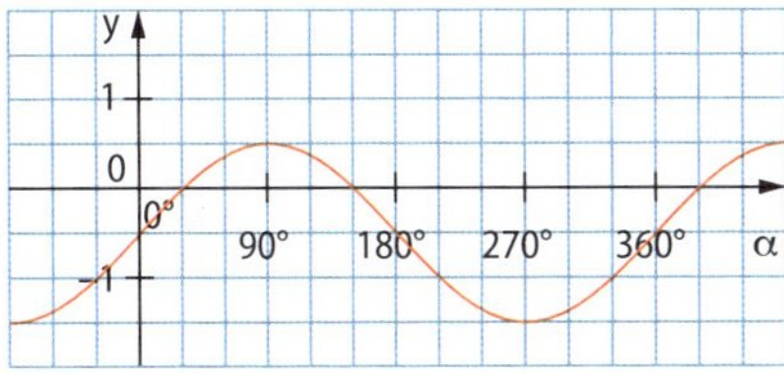

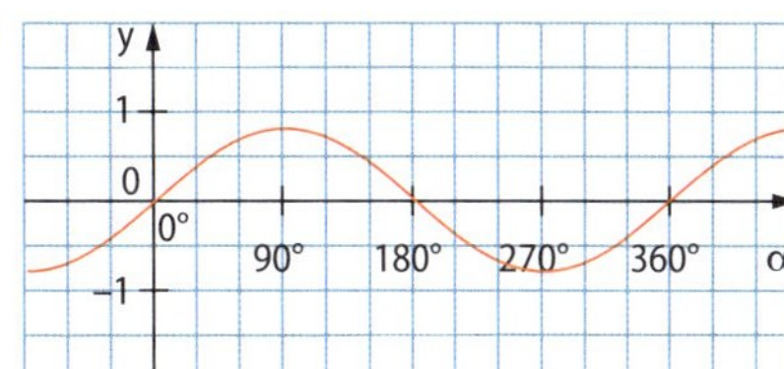

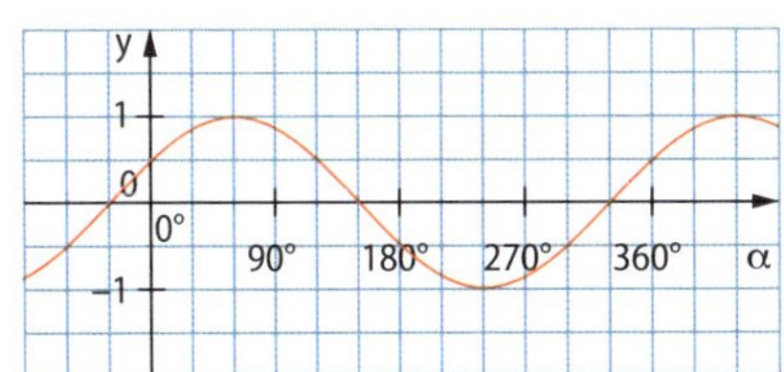

4

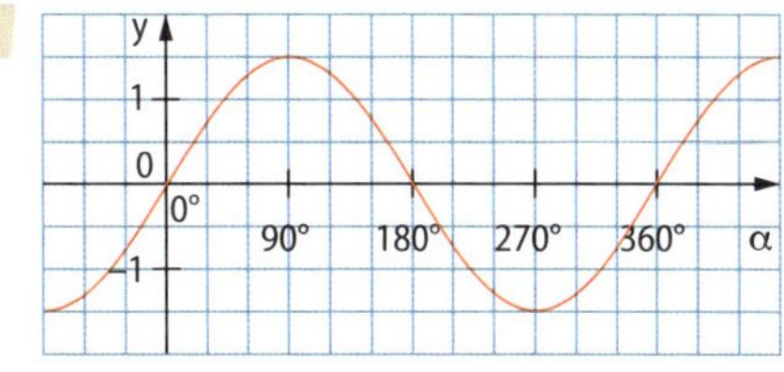

➲ *Schülerbuch Seite 162*

I. Den Zusammenhang zwischen Grad- und Bogenmaß bestimmen

1 Zeichne den zu α gehörigen Kreissektor am Einheitskreis.

$\alpha = 135°$

2 Bestimme ohne Verwendung eines Taschenrechners die fehlenden Werte.

α	90°		15°		390°		225°	
x		$\frac{5 \cdot \pi}{6}$		$\frac{3 \cdot \pi}{8}$		$\frac{7 \cdot \pi}{4}$		$\frac{11 \cdot \pi}{3}$

3 Kreuze richtige Aussagen an.

☐	Das Bogenmaß hat als Maßeinheit eine Längeneinheit.
☐	Für die Umrechnung zwischen Gradmaß und Bogenmaß gilt: $\alpha = \frac{x}{\pi} \cdot 360°$.
☐	Das Bogenmaß π entspricht dem Umfang eines Kreises mit Radius r = 1 cm.
☐	Das Bogenmaß gibt die Länge eines Kreisbogens für den Radius r = 1 cm an, der zu einem Mittelpunktswinkel α gehört.

II. Sinus und Kosinus am Einheitskreis darstellen

4 Bestimme die zugehörigen Sinus- und Kosinuswerte auf zwei Dezimalstellen genau.

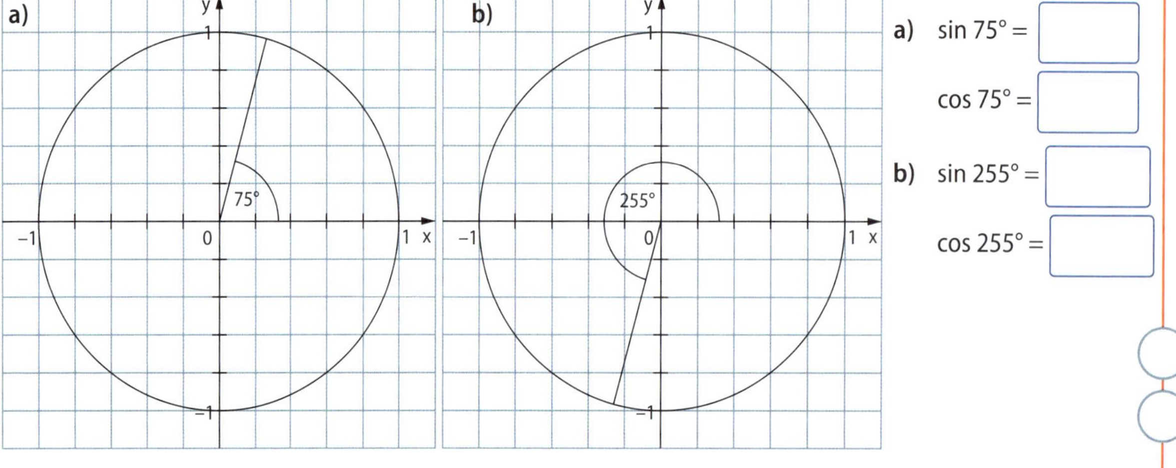

a) sin 75° = ☐

cos 75° = ☐

b) sin 255° = ☐

cos 255° = ☐

5 Bestimme zeichnerisch am Einheitskreis.

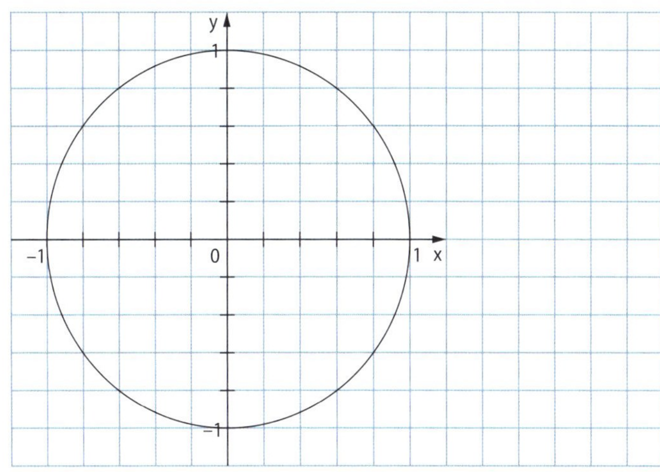

a) $\cos 45° =$ ☐

b) $\cos \frac{\pi}{3} =$ ☐

c) $\sin \frac{7}{4}\pi =$ ☐

d) $\sin 20\pi =$ ☐

III. Die Sinusfunktion anwenden

6 Ordne den Funktionsgleichungen die Nummern der zugehörigen Graphen zu.

☐ $y = 1{,}5 \cdot \sin\alpha$ ☐ $y = \sin\alpha - 0{,}5$ ☐ $y = \sin(\alpha + 30°)$ ☐ $y = 0{,}8 \cdot \sin\alpha$

1
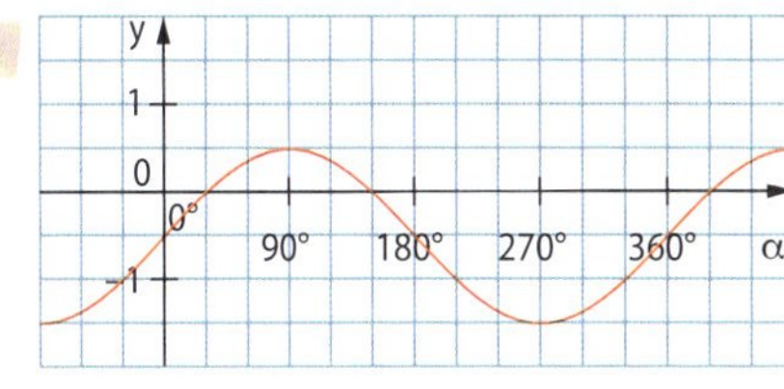

2
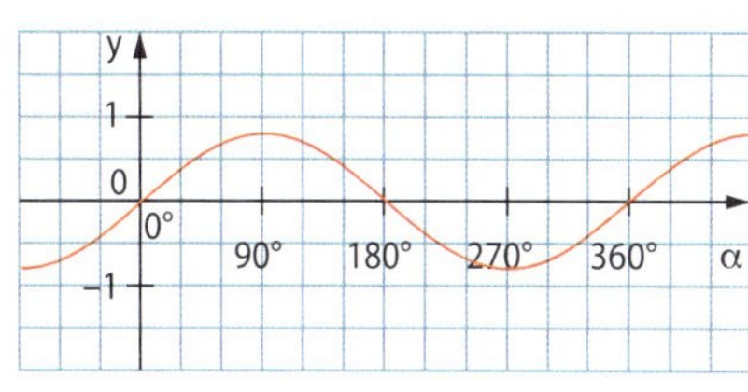

3
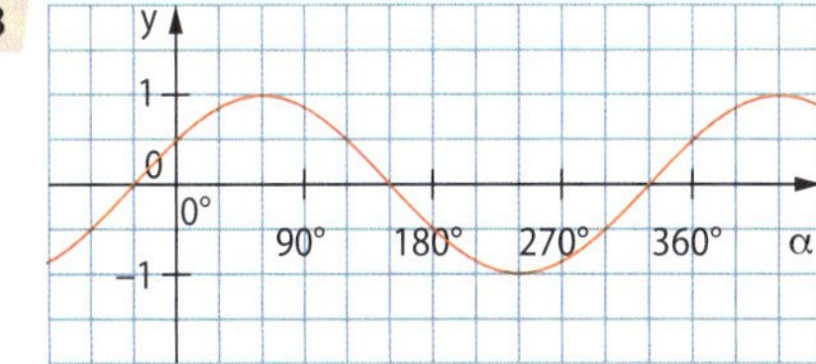

4
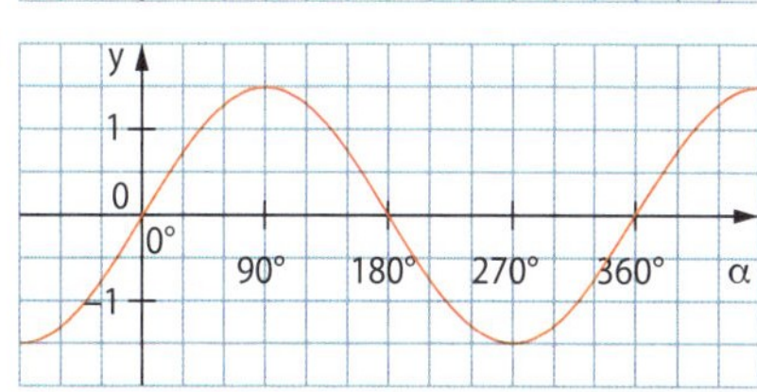

7 Bestimme alle Nullstellen der Sinusfunktion im Intervall $0 \leq x \leq 4\pi$.

a) $y = \sin x$ Nullstellen: ……………………

b) $y = 2 \cdot \sin x$ Nullstellen: ……………………

c) $y = \sin(x + \frac{1}{3}\pi)$ Nullstellen: ……………………

d) $y = 3 \cdot \sin(x - \frac{2}{9}\pi)$ Nullstellen: ……………………

Teil	Ich kann bei einfachen Aufgaben …	Aufgaben	Kreuze an.		
			0–2	3–4	5–6
I.	den Zusammenhang zwischen Grad- und Bogenmaß bestimmen.	1, 2, 3	☹	😐	☺
II.	Sinus und Kosinus am Einheitskreis darstellen.	4, 5	☹	😐	☺
III.	die Sinusfunktion anwenden.	6, 7	☹	😐	☺

Bildnachweis

Alamy Stock Photo / Juniors Bildarchiv GmbH – Cover; Fotolia / dario – S. 2 (2); - / Sergii Figurnyi – S. 2; Getty Images Plus / iStockphoto, frentusha – S. 10 (5); - / iStockphoto, Kyle_Hittner – S. 13; - / iStockphoto, Hans Joachim Hoos – S. 31; - / iStockphoto, Hydromet – S. 17; - / iStockphoto, Nasared – S. 43; - / iStockphoto, photography-wildlife-de – S. 32; - / iStockphoto, scanrail – S. 23, 24; Michael Kleine, Büren – S. 27; Pixabay – S. 21 (3).

Verhältnisse

1 Verkleinere bzw. vergrößere die abgebildete Figur im angegebenen Maßstab.

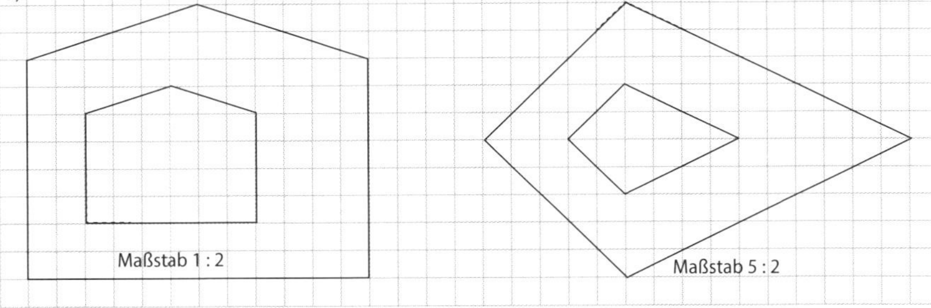

2 Das Brandenburger Tor ist bei Besuchern sehr beliebt. Viele Geschäfte bieten Modelle des Tors in verschiedenen Größen an. Ergänze in der Tabelle die fehlenden Angaben.

Maßstab	1 : 75	1 : 25	1 : 10	1 : 100	1 : 50
Höhe	34,7 cm	104 cm	260 cm	26 cm	52 cm
Länge	83,3 cm	250 cm	625 cm	62,5 cm	125 cm
Breite	14,7 cm	44 cm	110 cm	11 cm	22 cm

3 Die Abbildung zeigt die Skizze eines Autos im Maßstab 1 : 30.

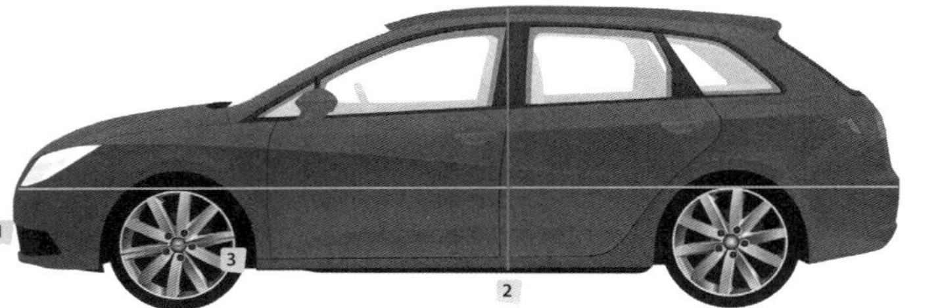

a) Bestimme die Länge der markierten Strecken in Wirklichkeit.

1	Länge in der Abbildung: 13 cm	Länge in Wirklichkeit: 3,90 m
2	Länge in der Abbildung: 4,0cm	Länge in Wirklichkeit: 1,20 m
3	Länge in der Abbildung: 1,7 cm	Länge in Wirklichkeit: 51,0 cm

b) Das Auto wurde nochmals verkleinert. Bestimme den Maßstab.

Maßstab der Abbildung: 1 : 130

Schülerbuch Seite 12

Zentrische Streckung

1 Die grünen Figuren wurden zentrisch gestreckt mit Streckungszentrum Z. Die Bildfiguren sind rot. Bestimme den Streckungsfaktor k.

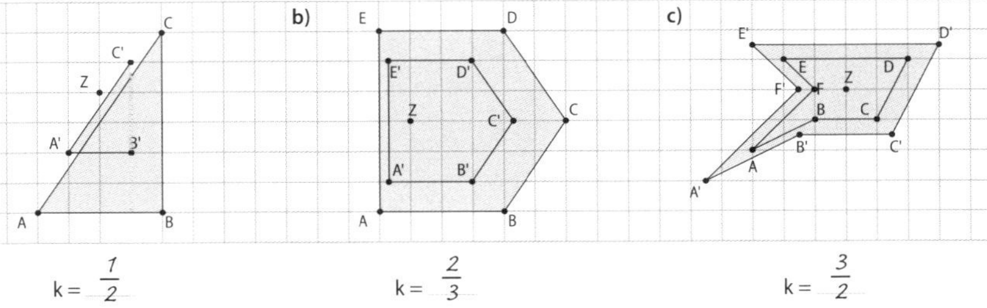

a) $k = \frac{1}{2}$ b) $k = \frac{2}{3}$ c) $k = \frac{3}{2}$

2 Führe eine zentrische Streckung vom Streckungszentrum Z mit den gegebenen Streckungsfaktoren aus. Verwende die Hilfslinien.

a) k = 0,5 b) k = 1,5 c) k = 2,5

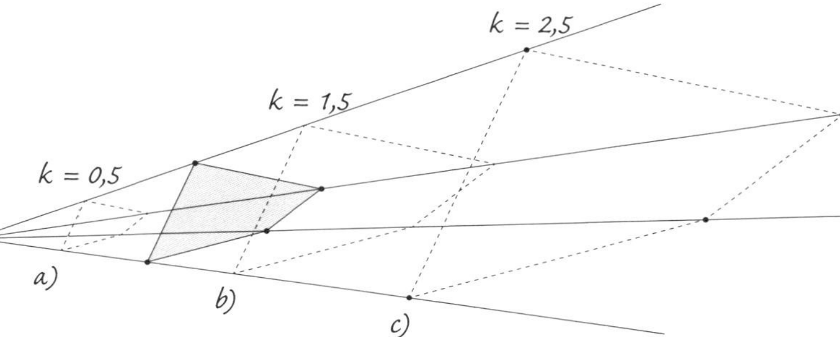

3 Die grünen Figuren wurden auf die roten abgebildet. Benenne das Streckungszentrum und gib den -Streckungsfaktor an. Begründe ggf., warum keine zentrische Streckung vorliegt.

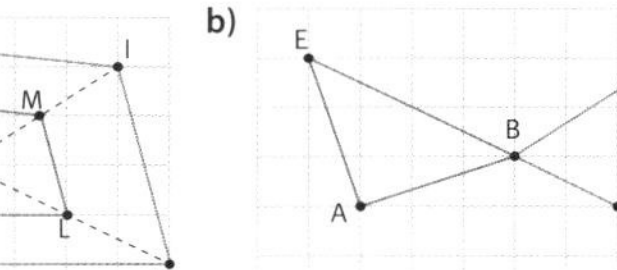

a) Zentrum J
k = 0,5

b) keine zentrische Streckung
Ur- und Bildpunkt
(A und D) müssten mit
B auf einer gemeinsamen
Gerade liegen.

c) keine zentrische
Streckung
$\frac{\overline{WT}}{\overline{OT}} = \frac{\overline{UT}}{\overline{ST}} = 1$, aber
$\frac{\overline{VT}}{\overline{RT}} = \frac{1{,}5\text{ cm}}{2\text{ cm}} = 0{,}75$

Schülerbuch Seite 14

Zentrische Streckung

5 Die Fläche des abgebildeten Dreiecks ABC soll durch eine geeignete zentrische Streckung mit dem Streckungszentrum C …

a) vervierfacht werden (Dreieck A_1B_1C). **b)** verneunfacht werden (Dreieck A_2B_2C).

Überprüfe deine Konstruktion durch eine Rechnung.

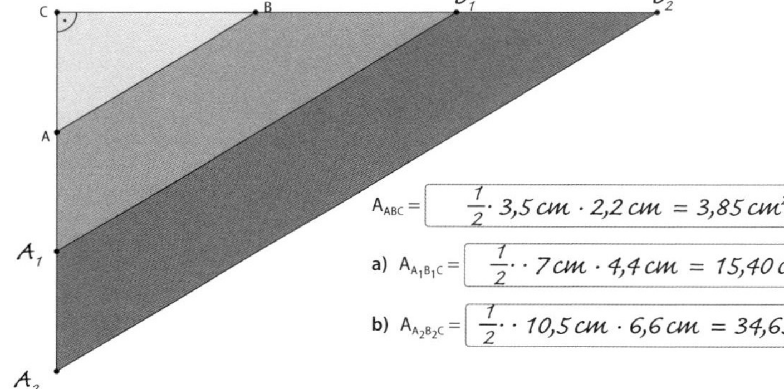

$A_{ABC} = \frac{1}{2} \cdot 3{,}5\,cm \cdot 2{,}2\,cm = 3{,}85\,cm^2$

a) $A_{A_1B_1C} = \frac{1}{2} \cdot 7\,cm \cdot 4{,}4\,cm = 15{,}40\,cm^2 = 4 \cdot A_{ABC}$

b) $A_{A_2B_2C} = \frac{1}{2} \cdot 10{,}5\,cm \cdot 6{,}6\,cm = 34{,}65\,cm^2 = 9 \cdot A_{ABC}$

6 Das Dreieck ABC wurde durch eine zentrische Streckung auf das Dreieck A'B'C' abgebildet.

a) Konstruiere das Streckungszentrum Z und gib seine Koordinaten an.

Z(2 | −1)

b) Bestimme den Streckungsfaktor k. k = −0,5

c) Bestimme den Flächeninhalt des Dreiecks ABC. Miss fehlende Längen.

$A_{ABC} = \frac{1}{2} \cdot g \cdot h = \frac{1}{2} \cdot 4{,}1 \cdot 3{,}6\,cm^2 \approx 7{,}4\,cm^2$

d) Bestimme den Flächeninhalt des Bilddreiecks A'B'C' …

1 mithilfe des Streckungsfaktors k.

$A_{A'B'C'} = k^2 \cdot A_{ABC} = (-0{,}5)^2 \cdot 7{,}4\,cm^2 = 1{,}85\,cm^2$

2 mithilfe der Flächeninhaltsformel.

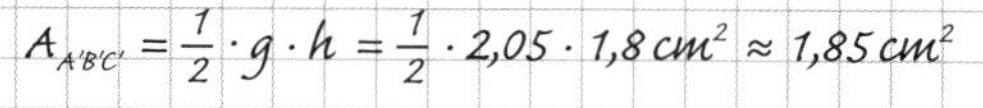

$A_{A'B'C'} = \frac{1}{2} \cdot g \cdot h = \frac{1}{2} \cdot 2{,}05 \cdot 1{,}8\,cm^2 \approx 1{,}85\,cm^2$

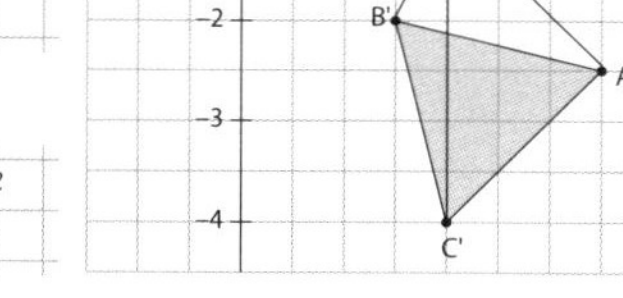

6 Das Dreieck ABC wurde mit einem beliebigen Streckfaktor k auf das Dreieck A'B'C' abgebildet. Kreuze an, welche Zusammenhänge gelten.

- [x] $\frac{a}{b} = \frac{a'}{b'}$
- [ ] $\frac{a}{b} = \frac{b'}{a'}$
- [x] $u_{\Delta A'B'C'} = |k| \cdot u_{\Delta ABC}$
- [ ] $u_{\Delta ABC} = |k| \cdot u_{\Delta A'B'C'}$
- [ ] $\alpha > \alpha'$
- [x] $\alpha = \alpha'$
- [ ] $h_c = k \cdot h_{c'}$ (gilt nur für k > 0)
- [x] $h_c = |k| \cdot h_{c'}$

Ähnlichkeit

1 Ergänze die Zeichnung so, dass zueinander ähnliche Figuren entstehen. Die roten Strecken entsprechen einander.

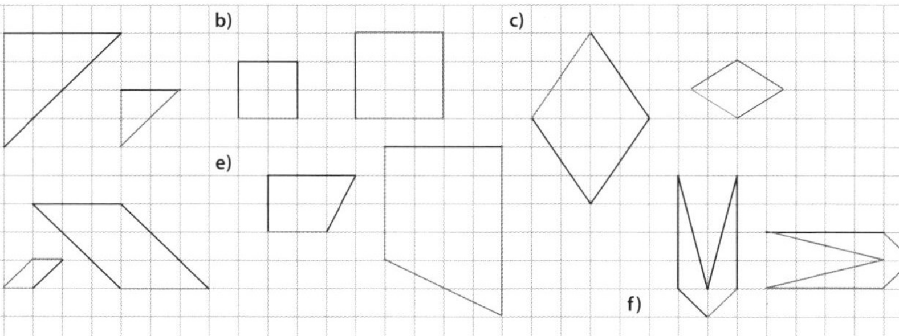

2 Wahr oder falsch? Kreuze an. Die richtigen Lösungen ergeben ein Lösungswort.

		wahr	falsch
a)	Alle Quadrate sind zueinander ähnlich.	(P)	A
b)	Alle Rechtecke sind zueinander ähnlich.	R	(F)
c)	Alle Kreise sind mathematisch gesehen nicht ähnlich zueinander, weil sie keine gleichen Winkel haben.	M	(I)
d)	Stimmen zwei ähnliche Vielecke in der Länge einer entsprechenden Seite überein, so sind sie kongruent.	(F)	E
e)	Alle rechtwinkligen Dreiecke sind ähnlich zueinander.	L	(F)
f)	Alle gleichseitigen Dreiecke sind ähnlich zueinander.	(I)	C
g)	Alle DIN A-Papierformate, also DIN A1, DIN A2, DIN A3, …, sind ähnlich zueinander.	(G)	H

Lösungswort: PFIFFIG

3 Überprüfe, ob die durch ihre Eckpunkte angegebenen Figuren ähnlich zueinander sind.

a)	BFC ~ CFG	[x] ähnlich [ ] nicht ähnlich
b)	CGHD ~ EIKF	[x] ähnlich [ ] nicht ähnlich
c)	BAEF ~ GENO	[ ] ähnlich [x] nicht ähnlich
d)	CFG ~ EIF	[x] ähnlich [ ] nicht ähnlich
e)	CIL ~ HNP	[ ] ähnlich [x] nicht ähnlich
f)	GFKL ~ CGHD	[ ] ähnlich [x] nicht ähnlich

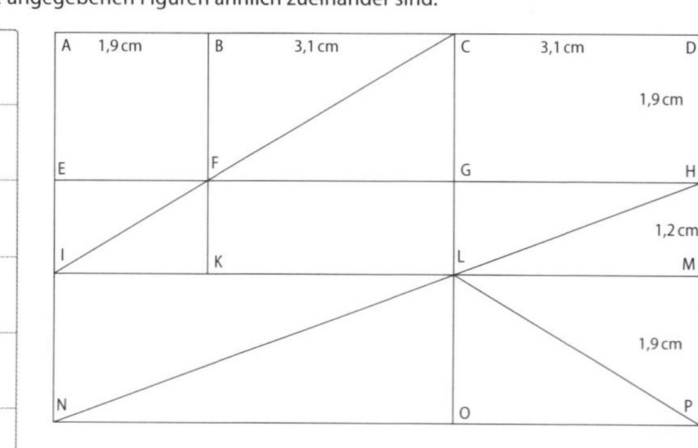

1 Ergänze mithilfe der Strahlensätze die fehlenden Streckenlängen.

a) $\frac{|ZA|}{|ZC|} = \frac{|AB|}{|EC|}$ b) $\frac{|BA|}{|FD|} = \frac{|ZB|}{|ZD|}$ c) $\frac{|ZA|}{|ZC|} = \frac{|ZB|}{|ZE|}$

d) $\frac{|EC|}{|AB|} = \frac{|ZE|}{|ZB|}$ e) $\frac{|ZF|}{|ZC|} = \frac{|FD|}{|CE|}$ f) $\frac{|ED|}{|ZD|} = \frac{|CF|}{|ZF|}$

g) $\frac{|EC|}{|DF|} = \frac{|ZE|}{|DZ|}$ h) $\frac{|FZ|}{|ZA|} = \frac{|ZD|}{|ZB|}$ i) $\frac{|FD|}{|AB|} = \frac{|FZ|}{|AZ|}$

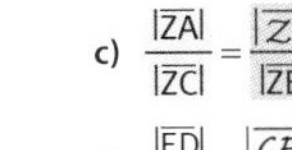

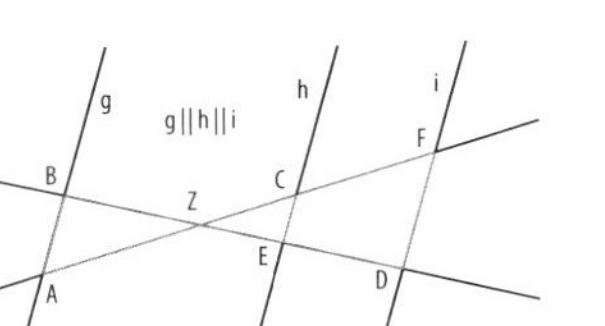

2 Vervollständige die Tabelle mithilfe der Strahlensätze. Nutze für Berechnungen ein Extrablatt.

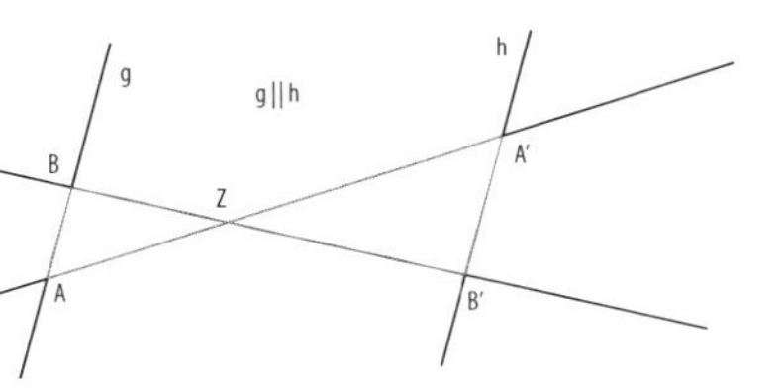

	$\|ZA\|$	$\|ZA'\|$	$\|ZB\|$	$\|ZB'\|$	$\|AB\|$	$\|A'B'\|$
a)	6,3 cm	3,5 cm	4,5 cm	2,5 cm	9 cm	5 cm
b)	8,1 cm	1,5 cm	5,4 cm	1 cm	10,8 cm	2 cm
c)	24 cm	3,6 cm	18 cm	2,7 cm	40 cm	6 cm
d)	3,5 dm	1 dm	42 cm	12 cm	4,9 dm	1,4 dm
e)	7 m	45 dm	140 dm	9 m	15,4 m	99 dm
f)	15 dm	60 dm	45 dm	18 m	37,5 dm	15 m

3 Ein Archäologe versucht, die Höhe der 232 m breiten Cheops-Pyramide zu ermitteln, indem er zunächst die Länge der Pyramidengrundseite abmisst. In 300 m Entfernung von der Pyramide kann er diese mit einem 20 cm langen Lineal, das er im Abstand von 57 cm vor die Augen hält, gerade noch verdecken.

a) Beschrifte die Skizze mit den bekannten Maßen.

b) Bestimme die Länge der Strecke $\overline{BE}$.

$|\overline{BE}| = |\overline{BC}| + |\overline{CE}| =$

$\frac{1}{2} \cdot 232\,m + 300\,m = 416\,m$

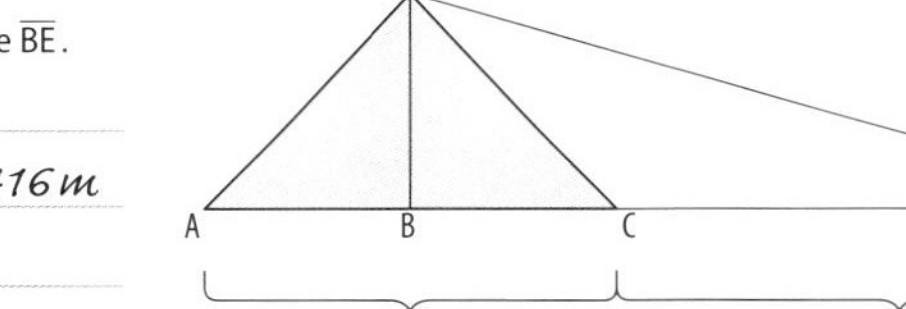

c) Berechne die Höhe der Pyramide. Runde das Ergebnis auf ganze Meter.

$\frac{|\overline{BS}|}{|\overline{DF}|} = \frac{|\overline{BE}|}{|\overline{DE}|} \quad | \cdot |\overline{DF}|$

$|\overline{BS}| = \frac{|\overline{BE}| \cdot |\overline{DF}|}{|\overline{DE}|} = \frac{416\,m \cdot 20\,cm}{57\,cm} \approx 146\,m$

4 In einem Spinnennetz sind drei Fliegen F_1, F_2 und F_3 gefangen. Das Spinnennetz ist drehsymmetrisch aufgebaut mit ZT || YV || XW.

a) Berechne die fehlenden Werte. Runde auf ganze mm.

$\|ST\|$	$\|SV\|$	$\|SW\|$	$\|WV\|$
45 mm	30 mm	20 mm	10 mm
$\|VT\|$	$\|ZT\|$	$\|YV\|$	$\|XW\|$
15 mm	23 mm	15 mm	10 mm

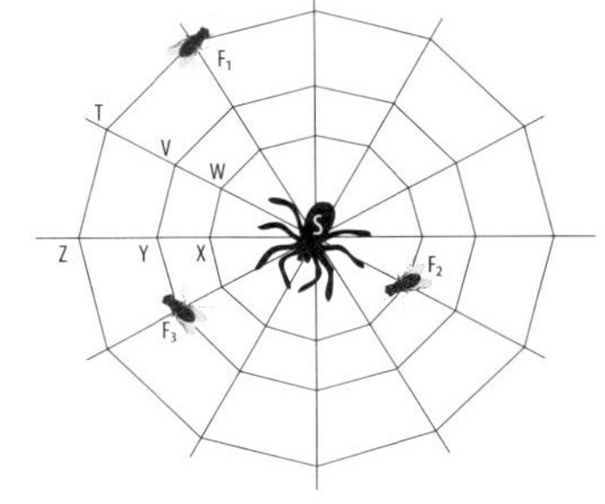

b) Die Spinne will die drei Fliegen entlang der Fäden einsammeln. Sie nimmt dafür den kürzesten Weg.

Notiere die Reihenfolge der Fliegen: F_2 → F_3 → F_1

Berechne die von der Spinne zurückgelegte Streckenlänge bis zur letzten Fliege.

Die Spinne läuft zunächst zu F_2 und wieder zurück in die Mitte, dann zu F_3, anschließend 3 Strecken „radial" und dann nach außen zu F_1.

$|\overline{SW}| + |\overline{SW}| + |\overline{SV}| + 3 \cdot |\overline{YV}| + |\overline{VT}| = (20 + 20 + 30 + 3 \cdot 15 + 15)\,mm = 130\,mm$

Es sind auch andere Wege möglich.

Antwort: Die Spinne muss etwa 13 cm weit laufen.

5 Tim ist mit seiner Schwester Paola auf dem Spielplatz. Paola sitzt ganz am Ende des 5 m langen Balkens. Tim sitzt in 1,40 m Entfernung vom Drehpunkt der Wippe. Tim legt beim Wippen einen Höhenunterschied von 73 cm zurück. Berechne die maximale Sitzhöhe h von Paola. Die Balkendicke wird vernachlässigt.

$\frac{h_L}{h_T} = \frac{e_L}{e_T} \quad | \cdot h_T$

$h_L = \frac{e_L \cdot h_T}{e_T} = \frac{2,50\,m \cdot 0,73\,m}{1,40\,m} \approx 1,30\,m$

$e_L = 2,50\,m$, $0,73\,m = h_T$, $e_T = 1,40\,m$

6 Es gibt Schilder, die die Steigung (bzw. das Gefälle) einer Straße in Prozent angeben. Dabei bedeutet beispielsweise „14 %", dass bei 100 m horizontaler Strecke ein Höhenunterschied von 14 m zu bewältigen ist. Beschrifte die Skizze mit den bekannten Maßen und berechne den Höhenunterschied, den das Auto bei 3,5 km horizontaler Strecke zurücklegt.

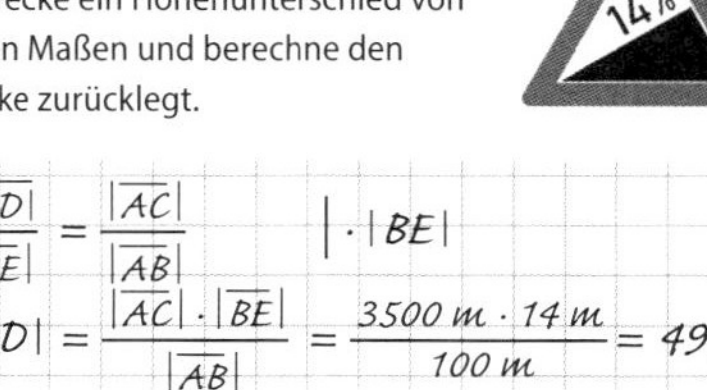

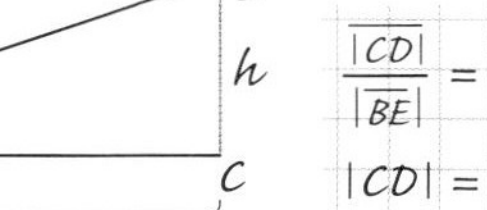

$\frac{|\overline{CD}|}{|\overline{BE}|} = \frac{|\overline{AC}|}{|\overline{AB}|} \quad | \cdot |\overline{BE}|$

$|\overline{CD}| = \frac{|\overline{AC}| \cdot |\overline{BE}|}{|\overline{AB}|} = \frac{3500\,m \cdot 14\,m}{100\,m} = 490\,m$

I. Maßstäblich vergrößern und verkleinern

1 Das Viereck ABCD wird durch zentrische Streckung auf das Viereck A'B'C'D' abgebildet. Einige Punkte dieser Abbildung sind schon gegeben.

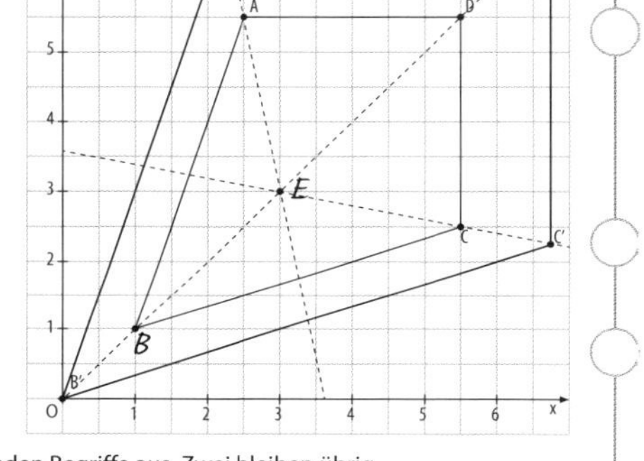

a) Bestimme zunächst aus der Zeichnung die Lage des Streckungszentrums E. Tipp: Nutze dein Wissen über die Lage von Urpunkt, Bildpunkt und Streckungszentrum.

E(3 | 3)

b) Gib den Streckungsfaktor k an.

k = 1,5

c) Vervollständige die Vierecke ABCD und A'B'C'D'.

2 a) Fülle die Lücken im Text mithilfe der unten stehenden Begriffe aus. Zwei bleiben übrig.

Ein Kreis kann zentrisch gestreckt werden, indem man nur zwei Punkte abbildet, nämlich den Kreismittelpunkt und einen beliebigen Punkt der Kreislinie. Dann kann der Bildkreis mit dem Zirkel vervollständigt werden, da die zentrische Streckung kreistreu ist.

kreistreu | zwei | Kreismittelpunkt | Kreislinie | Zirkel

II. Ähnliche Figuren erkennen und zeichnen

3 Markiere ähnliche Dreiecke mit derselben Farbe.

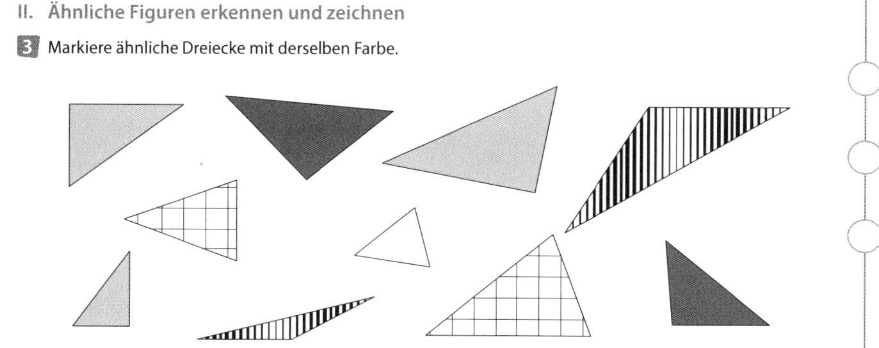

4 Zeige, dass die beiden Figuren ähnlich zueinander sind. Vervollständige dazu den Satz.
Die beiden Figuren sind ähnlich zueinander, weil ...
sie durch zentrische Streckung mit $Z(-0{,}5 \mid 3)$ und $k = 3$ auseinander hervorgehen.

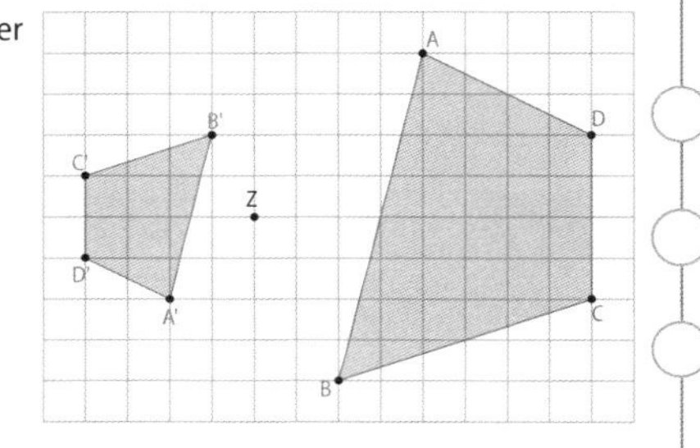

III. Besondere Verhältnisse ebener Figuren bilden

5 Kreuze die richtigen Verhältnisse an.

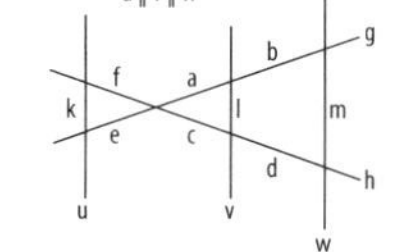

a) ☐ $\frac{e}{f} = \frac{c}{a}$ ☒ $\frac{e}{f} = \frac{a}{c}$ ☐ $\frac{e}{f} = \frac{k}{l}$

b) ☒ $\frac{a}{b} = \frac{c}{d}$ ☐ $\frac{a}{b} = \frac{l}{m}$ ☐ $\frac{a}{b} = \frac{e}{f}$

c) ☐ $\frac{m}{l} = \frac{d}{c}$ ☒ $\frac{m}{l} = \frac{d+c}{d}$ ☐ $\frac{m}{l} = \frac{a}{a+b}$

d) ☒ $\frac{a}{a+b} = \frac{c}{c+d}$ ☐ $\frac{a}{a+b} = \frac{e}{e+f}$ ☒ $\frac{a}{a+b} = \frac{l}{m}$

6 Max und Theresa haben an Land die angegebenen Streckenlängen gemessen und dann aus ihnen berechnet, dass es von dem Punkt E bis zur Insel I etwa 600 m sind. Überprüfe ihre Angaben.

$\frac{|\overline{IL}|}{|\overline{IL}| + 120\,m} = \frac{200\,m}{250\,m} \quad | \cdot 5\,(|\overline{IL}| + 120\,m)$

$5\,|\overline{IL}| = 4\,|\overline{IL}| + 480\,m \quad | -4\,|\overline{IL}|$

$|\overline{IL}| = 480\,m$

Die Entfernung von der Insel bis zum Punkt E beträgt etwa 120 m + 480 m = 600 m. Die beiden haben richtig gerechnet.

Teil	Ich kann bei einfachen Aufgaben ...	Aufgaben	Kreuze an. 0–2	3–4	5–6
I.	maßstäblich vergrößern und verkleinern.	1, 2	☹	😐	☺
II.	ähnliche Figuren erkennen und zeichnen.	3, 4	☹	😐	☺
III.	besondere Verhältnisse ebener Figuren bilden.	5, 6	☹	😐	☺

Wachstumsvorgänge

1 Kreuze an, um welche Art von Wachstum es sich handelt.

a)
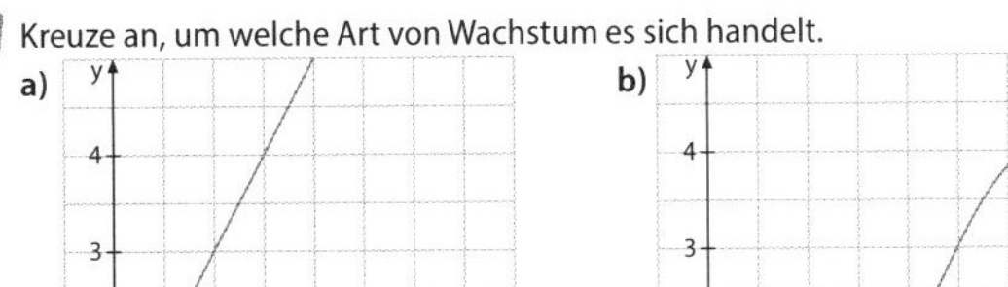

- [x] lineares Wachstum
- [ ] exponentielles Wachstum
- [ ] anderes Wachstum

b)
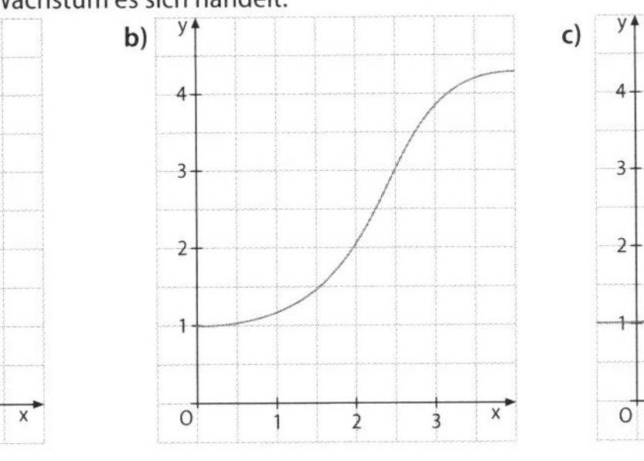

- [ ] lineares Wachstum
- [ ] exponentielles Wachstum
- [x] anderes Wachstum

c)

- [ ] lineares Wachstum
- [x] exponentielles Wachstum
- [ ] anderes Wachstum

d)

x	0	1	2	3
y	3	9	27	81

- [ ] lineares Wachstum
- [x] exponentielles Wachstum
- [ ] anderes Wachstum

e)

x	0	1	2	3
y	3	9	15	21

- [x] lineares Wachstum
- [ ] exponentielles Wachstum
- [ ] anderes Wachstum

f)

x	0	1	2	3
y	3	9	12	18

- [ ] lineares Wachstum
- [ ] exponentielles Wachstum
- [x] anderes Wachstum

2 Ein Eiszapfen taut. Entnimm den Darstellungen die Länge des Eiszapfens zu den entsprechenden Zeiten. Beurteile anschließend, ob es sich um eine lineare oder exponentielle Veränderung handelt.

Uhrzeit: Länge	10 Uhr: 4,4 cm	11 Uhr: 3,6 cm	12 Uhr: 2,8 cm	13 Uhr: 2,0 cm	15 Uhr: 1,2 cm

Das Tauen des Eiszapfens ist … [x] eine lineare Änderung. [ ] eine exponentielle Änderung.

3 Beurteile folgende Aussagen:

	richtig	falsch
a) „Exponentielles Wachstum bedeutet: Vervielfachung der Werte im gleichen Zeitraum um denselben Faktor."	x	
b) „Alle Wachstumsprozesse lassen sich entweder durch lineares oder exponentielles Wachstum beschreiben."		x
c) „Bei konstantem Zuwachs in gleichen Zeiträumen liegt lineares Wachstum vor."	x	

Exponentialfunktionen

1 Ordne jeder Funktionsgleichung den passenden Graphen zu.

a) $f(x) = \left(\frac{1}{3}\right)^x$ Graph *j*

b) $f(x) = \left(\frac{1}{2}\right)^x$ Graph *f*

c) $f(x) = \left(\frac{2}{3}\right)^x$ Graph *k*

d) $f(x) = \left(\frac{3}{2}\right)^x$ Graph *h*

e) $f(x) = 2^x$ Graph *i*

f) $f(x) = 3^x$ Graph *g*

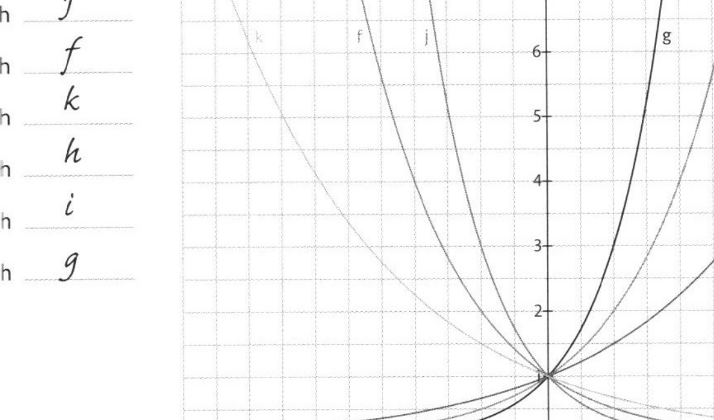

2 a) Vervollständige die Wertetabelle. Schreibe Werte kleiner 1 in Bruchschreibweise.

	−2	−1,5	−1	−0,5	0	0,5	1	1,5	2
a) $f(x) = 4x$	$\frac{1}{16}$	$\frac{1}{8}$	$\frac{1}{4}$	$\frac{1}{2}$	1	2	4	8	16
b) $f(x) = \left(\frac{1}{4}\right)^x$	16	8	4	2	1	$\frac{1}{2}$	$\frac{1}{4}$	$\frac{1}{8}$	$\frac{1}{16}$
c) $f(x) = 25^x$	$\frac{1}{625}$	$\frac{1}{125}$	$\frac{1}{25}$	$\frac{1}{5}$	1	5	25	125	625
d) $f(x) = \left(\frac{1}{25}\right)^x$	625	125	25	5	1	$\frac{1}{5}$	$\frac{1}{25}$	$\frac{1}{125}$	$\frac{1}{625}$

b) Beschreibe Zusammenhänge zwischen den Wertepaaren der Funktionen $f(x) = q^x$ und $f(x) = \left(\frac{1}{q}\right)^x$

Bei jeder Funktion $y = q^x$ ($q \in \mathbb{R}^+ \setminus \{1\}$) sind die Funktionswerte im negativen Bereich die Kehrwerte der Funktionswerte im positiven Bereich. Ebenso sind die Funktionswerte der Funktionen $y = q^x$ und $y = \left(\frac{1}{q}\right)^x$ ($q \in \mathbb{R}^+ \setminus \{1\}$) an derselben Stelle die Kehrwerte voneinander.

3 Die Punkte P, Q und R liegen jeweils auf dem Graphen der angegebenen Funktion. Bestimme die fehlenden Koordinaten im Kopf. Nutze Zusammenhänge.

a) $f(x) = 2^x$ P(−4| $\frac{1}{16}$); Q(0 |1); R(3 |8)

b) $f(x) = 3^x$ P(−3| $\frac{1}{27}$); Q(0 |1); R(4 |243)

c) $f(x) = \left(\frac{1}{3}\right)^x$ P(−3| 27); Q(0 |1); R(4 | $\frac{1}{243}$)

d) $f(x) = 10^x$ P(−2| $\frac{1}{100}$); Q(0| 1); R(4| 10 000)

e) $f(x) = \left(\frac{1}{10}\right)^x$ P(−4| 10 000); Q(0 |1); R(2 | $\frac{1}{100}$)

Einfluss der Parameter auf die Exponentialfunktion

1 Ordne jeder Funktionsgleichung den passenden Graphen zu.

$f(x) = 2^x + 1$	$f(x) = 0{,}5 \cdot 2^x$	$f(x) = 3 \cdot 2^x$	$f(x) = 2^x - 1$

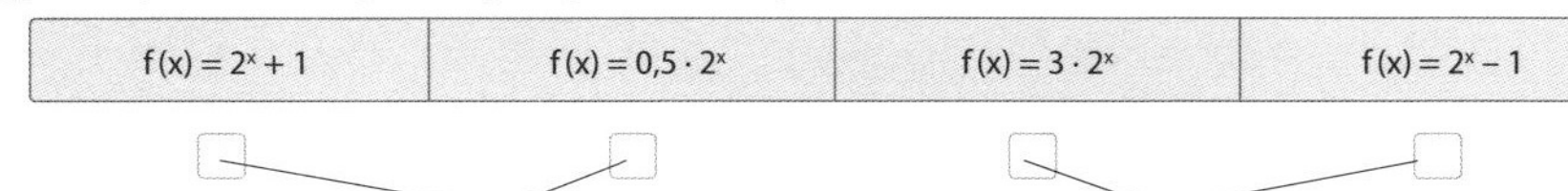

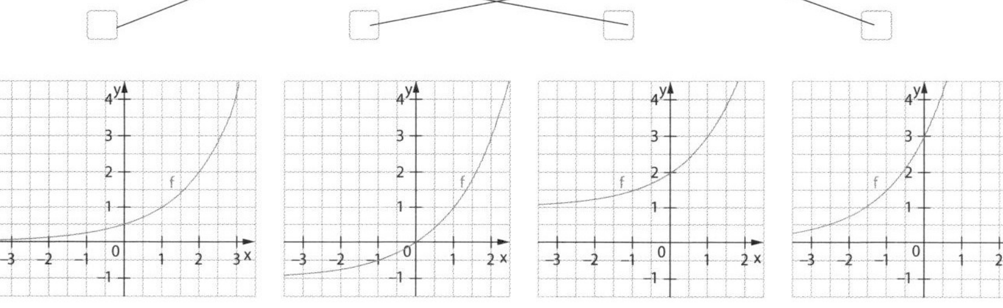

2 Skizziere die beschriebenen Funktionsgraphen. Notiere anschließend die zugehörige Funktionsgleichung.

a) Der Graph von g ist gegenüber dem Graphen der Funktion f mit $f(x) = 2^x$ an der x-Achse gespiegelt und danach um zwei Einheiten nach oben verschoben.

$g(x) = -2^x + 2$

b) Der Graph von h ist gegenüber dem Graphen der Funktion f mit $f(x) = 2^x$ um zwei Einheiten nach links und eine Einheit nach unten verschoben.

$h(x) = 2^{x+2} - 1$

c) Der Graph von k ist gegenüber dem Graphen der Funktion f mit $f(x) = 2^x$ an der x-Achse gespiegelt und anschließend eine Einheit nach rechts sowie vier Einheiten nach oben verschoben.

$k(x) = -2^{x-1} + 4$

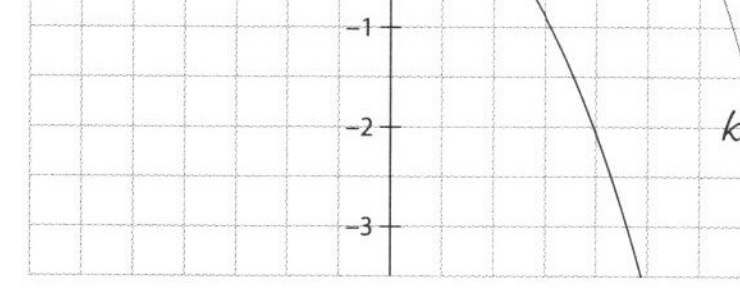

3 Je nachdem, an welcher Stelle Parameter stehen, haben diese einen unterschiedlichen Einfluss auf die Exponentialfunktion. Betrachte dazu ausgehend von Graphen der Funktion g mit $q^x = bx$ den Graph der Funktion f mit $f(x) = a \cdot q^x + e$. Vervollständige die Sätze. Gegenüber dem Graphen von g bewirkt der Paramter …

a) $a = 1{,}5$ eine Streckung um 1,5

b) $c = -4$ eine Verschiebung entlang der y-Achse um 4 Einheiten nach unten

c) $a = -0{,}5$ eine Stauchung um den Faktor $\frac{1}{2}$ und eine Spiegelung an der x-Achse

d) $c = \frac{1}{3}$ eine Verschiebung entlang der y-Achse um $\frac{1}{3}$ Einheiten nach oben.

Exponentialfunktionen im Alltag

1 Paul benötigt noch 120 €, um sich ein Tablet zu kaufen. Sein Vater macht ihm zwei Angebote für einen Zeitraum von einem halben Jahr. Vergleiche diese systematisch. „Für Rasenmähen und Blumengießen bekommst du ...

1 10 € pro Woche."

2 10 € in der ersten Woche. Jede weitere Woche bekommst du 15% des bisher erhaltenen Lohns. Dafür musst du zusätzlich die Wäsche waschen."

	1	2
Geld nach 1 Woche (2 Wochen)	10 € (20 €)	10 € (11,50 €)
Geld nach einem halben Jahr (d. h. nach 27 Wochen)	270 €	378,57 €
120 € erreicht nach … Wochen	nach 12 Wochen	nach 19 Wochen

120 € erreicht Paul schneller bei 1. Wenn er jedoch nicht nur bis 120 € spart, sondern ein halbes Jahr lang, verdient er mit 2 mehr Geld.

2 Der Graph stellt die Zerfallskurve eines radioaktiven Präparats dar, von dem zu Beginn 30 g vorhanden sind.

a) Bestimme f(1). $f(1) = 20$

b) Ermittle eine Funktionsgleichung für den Zerfallsprozess.

$f(x) = 30 \cdot b^x$

$20 = f(1) = 30 \cdot b^1 \Rightarrow \frac{2}{3} = b$

$\Rightarrow f(x) = 30 \cdot \left(\frac{2^x}{3}\right)$

c) Stelle in der Grafik die Halbwertszeit dar.

y Anfangsbestand in g; Zeit in Tagen; Halbwertszeit: $x \approx 1{,}7$ (Tage)

3 Berechne die fehlenden Werte für die Entwicklung des Kapitals nach n Jahren (Zinssatz p %).

	a)	b)	c)	d)
$K_0 = K(0)$	72 000,00 €	20 000,00 €	432,50 €	1800,00 €
p %	4,1 %	1,5 %	0,4 %	2 %
n	30 Jahre	2 Jahre	1,5 Jahre	4 Jahre
K (n)	240 355,68 €	20 604,50 €	435,10 €	1948,38 €
Gleichung	$72\,000{,}00\,€ \cdot 1{,}041^n$	$20\,000{,}00\,€ \cdot 1{,}015^n$	$432{,}50\,€ \cdot 1{,}004^n$	$1800{,}00\,€ \cdot 1{,}02^n$

Logarithmus

1 Vervollständige die Lücken in der Tabelle.

	a)	b)	c)	d)
Potenz	$3^8 = 6561$	$2^7 = 128$	$4^5 = 1024$	$4{,}2^3 = 74{,}088$
Wurzel	$\sqrt[8]{6561} = 3$	$\sqrt[7]{128} = 2$	$\sqrt[5]{1024} = 4$	$\sqrt[3]{74{,}088} = 4{,}2$
Logarithmus	$\log_3 6561 = 8$	$\log_2 128 = 7$	$\log_4 1024 = 5$	$\log_{4,2} 74{,}088 = 3$

2 a) Setze die Zahlenfolgen um weitere zwei Glieder fort. Welchem Muster folgen sie?

Folge 1: 0; 3; 8; 15; 24; 35; Muster: Quadratzahl −1 oder +3; +5; +7; +9; + …

Folge 2: 4; 6; 10; 18; 34; 66; Muster: Verdopplung der Erhöhung, also +2; +4; +8; + …

b) Ermittle die fehlenden Zahlen. Alle fehlenden Zahlen kommen in den beiden Zahlenfolgen aus a) vor.

1 $\log_5 125 = 3$	2 $\log_2 1024 = 10$	3 $\log_{11} 14641 = 4$
4 $66^1 = 66$	5 $35^3 = 42875$	6 $\log_3 6561 = 8$
7 $\log_{24} 13824 = 3$	8 $18^3 = 5832$	9 $\log_{34} 1156 = 2$
10 $\log_{12} 1 = 0$	11 $\log_4 4096 = 6$	12 $\log_2 32768 = 15$

3 Nutze zur Berechnung des Zehnerlogarithmus den Taschenrechner und runde auf eine Dezimalstelle. Die Lösungen ergeben in der richtigen Reihenfolge ein Lösungswort.

a) $\lg 27000 \approx 4{,}4$ b) $\lg 56 \approx 1{,}7$ c) $\lg 32 + \lg 10 \approx 2{,}5$

d) $\lg 0{,}008 \approx -2{,}1$ e) $\lg 31 \cdot \lg 900 \approx 4{,}4$ f) $\lg \frac{4}{7} \approx -0{,}2$

g) $\lg 1{,}2^3 \approx 0{,}2$ h) $\lg \sqrt{120} \approx 1{,}0$ i) $\lg 8^{-4} \approx -3{,}6$

A −2,1	B 3,8	C 1,0	D 4,4	E 1,7	H −3,6
I −0,2	K 2,5	L −1,9	P −2,9	Q 0,5	S 0,2

Lösungswort: D E K A D I S C H

4 Finde einen immer besseren Schätzwert für den angegebenen Logarithmus. Hinweis: In jedem Schritt wird die Näherung um eine Dezimalstelle genauer.

a)		b)
3	$< \log_2 10 < 4$	$2 < \log_5 45 < 3$
$3{,}3$	$< \log_2 10 < 3{,}4$	$2{,}3 < \log_5 45 < 2{,}4$
$3{,}32$	$< \log_2 10 < 3{,}33$	$2{,}36 < \log_5 45 < 2{,}37$
$3{,}321$	$< \log_2 10 < 3{,}322$	$2{,}365 < \log_5 45 < 2{,}366$
$3{,}3219$	$< \log_2 10 < 3{,}3220$	$2{,}3652 < \log_5 45 < 2{,}3653$

Schülerbuch Seite 58

Exponentialgleichung

1 Löse die Exponentialgleichung $\frac{1}{2} \cdot 1{,}5^x = 5$ grafisch. Dabei ist x aus dem Bereich der reellen Zahlen.

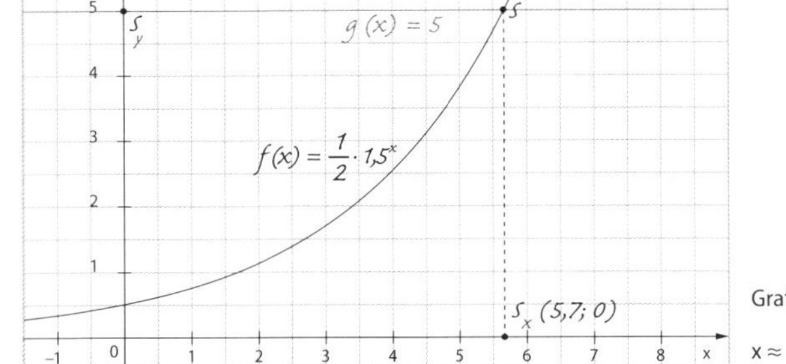

Grafische Lösung:

$x \approx 5{,}7$

2 Löse die Exponentialgleichung. Runde die Lösung geeignet.

	Exponentialgleichung	Lösung	gerundete Lösung
a)	$20^x = 5$	$x = \log_{20} 5$	$x \approx 0{,}54$
b)	$\frac{1}{3} \cdot 5^{x-1} = 15$	$x = \log_5 45 + 1$	$x \approx 3{,}37$

3 Ein Glas Eistee enthält 50 mg Koffein. Bei einem Jugendlichen steigt in der ersten Stunde nach dem Trinken des Tees der Koffeingehalt im Blut linear bis 50 mg an. Dann wird das Koffein mit einer Halbwertzeit von 3 Stunden abgebaut.

a) Zeichne den Graphen, der den Koffeingehalt im Blut in Abhängigkeit von der Zeit darstellt.

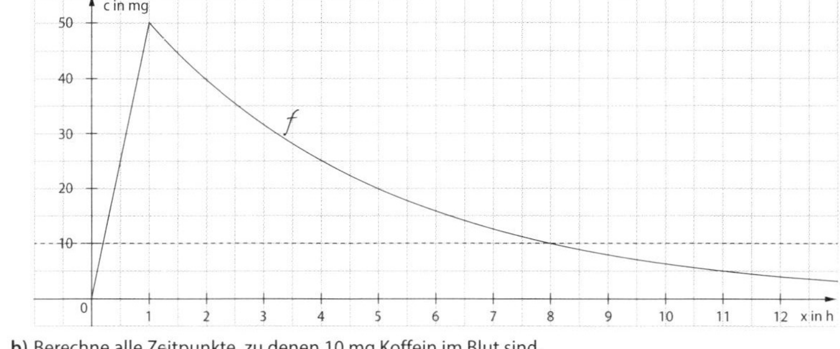

b) Berechne alle Zeitpunkte, zu denen 10 mg Koffein im Blut sind.

1) $50 \cdot x = 10 \Leftrightarrow x = \frac{1}{5}$, d. h. $t_1 = \frac{60}{5}$ min $= 12$ min

2) $25 = 50 \cdot b^3 \Leftrightarrow b = \sqrt[3]{\frac{1}{2}} \approx 0{,}794 \Leftrightarrow f(x) = 50 \cdot 0{,}794^{x-1}$

Es folgt: $10 = 50 \cdot 0{,}794^{x-1} \Leftrightarrow 0{,}794^{x-1} = \frac{1}{5} \Leftrightarrow x - 1 = \frac{\lg 0{,}2}{\lg 0{,}794} \approx 7$,

d. h. $t_2 \approx 8$ h

Schülerbuch Seite 62

I. Exponentialfunktionen erkennen

1 Trage die Eigenschaften der Funktion in die Tabelle ein.

Funktionsgleichung	a) $f(x) = 3{,}6 \cdot 2{,}015^x$	b) $f(x) = 10 \cdot 0{,}985^x$
Wachstum oder Zerfall?	☐ Zerfall ☒ Wachstum	☒ Zerfall ☐ Wachstum
Definitionsbereich	$x \in \mathbb{R}$	$x \in \mathbb{R}$
Wertebereich	$\{y \in \mathbb{R} \mid y > 0\}$	$\{y \in \mathbb{R} \mid y > 0\}$
Monotonie	steigend	fallend
Nullstellen	keine	keine
Schnittpunkt P mit der y-Achse	$P(0 \mid 3{,}6)$	$P(0 \mid 10)$

2 Kreuze die zugehörige Funktionsgleichung an.

a)

x	0,5	1,5	2,5
y	0,5	2	8

☐ $f(x) = \frac{1}{2} \cdot 2^x$ ☐ $f(x) = \frac{2}{5} \cdot 3^x$ ☒ $f(x) = \frac{1}{4} \cdot 4^x$

b)

x	0	1	2
y	−2,2	−6,6	−19,8

☒ $f(x) = -2{,}2 \cdot 3^x$ ☐ $f(x) = -1{,}1 \cdot 2^x$ ☐ $f(x) = 2{,}2 \cdot 3^x$

II. Mit dem Logarithmus umgehen

3 Eine Bakterienkultur bedeckt zu Beginn eines Versuchs um 9.00 Uhr einen Teil der Fläche einer 28 cm² großen Petrischale. Der von Bakterien bedeckte Flächeninhalt von y cm² kann in Abhängigkeit der Anzahl x der seit Versuchsbeginn vergangenen Stunden durch die Gleichung $y = 2 \cdot 1{,}15^x$ angegeben werden.

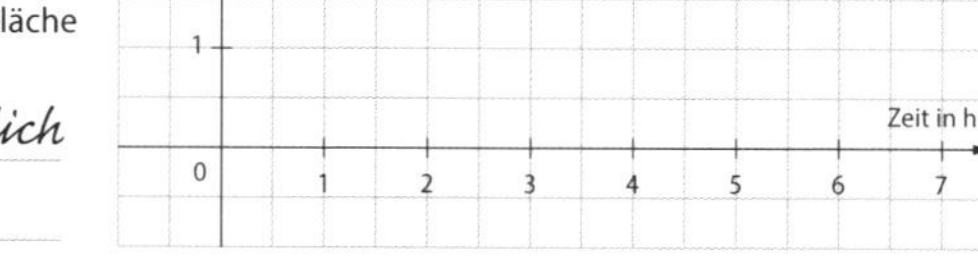
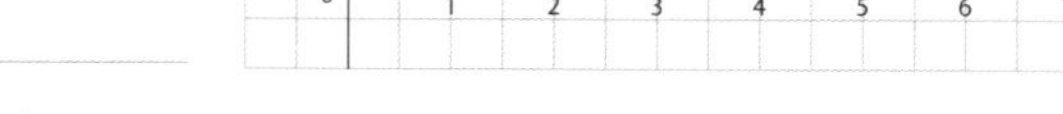

a) Bestimme, um wie viel Prozent die Fläche stündlich wächst.

Die Fläche wächst stündlich um 15 %.

b) Berechne, welche Fläche nach 9 Stunden von Bakterien bedeckt wäre. Runde auf Ganze cm².

$x = 9 \Rightarrow y = 2 \cdot 1{,}15^9 \approx 7$

Es ist eine Fläche von rund 7 cm² bedeckt.

4 Vereinfache so weit wie möglich.

a) $\log_b b = 1$ b) $\log_b 1 = 0$ c) $\log_b b^x = x$

5 Gib jeweils an, welches Rechengesetz angewendet wurde. Finde den Fehler in den Umformungen und verbessere.

$3 \cdot \log_7 (7x^2) = \log_{10}(8) - \log_{10} x$

$\log_7 (7x^2)^3 = \log_{10}\left(\frac{8}{x}\right)$ ← linke Seite: $\log_b(p^r) = r \cdot \log_b p$

rechte Seite: $\log_b\left(\frac{p}{q}\right) = \log_b p - \log_b q$

$\log_7 (343x^6) = \frac{\log_7\left(\frac{8}{x}\right)}{\log_7 10}$ ← rechte Seite: $\log_a p = \frac{\log_b p}{\log_b a}$

III. Exponentialgleichungen lösen

6 Bestimme jeweils die Lösung der Exponentialgleichung.

a) $9^x = 729$

$9^x = 729 \Leftrightarrow 9^x = 9^3$

Exponentenvergleich:

$x = 3$

b) $5^{x-1} - 36 = 89$

$5^{x-1} = 125$

$\Leftrightarrow 5^{x-1} = 5^3$

Exponentenvergleich:

$x - 1 = 3$,

d.h. $x = 4$

c) $4^{3x-1} = \frac{1}{16}$

$4^{3x-1} = 4^{-2}$

Exponentenvergleich:

$3x - 1 = -2$,

d.h. $x = -\frac{1}{3}$

7 Zwei Städte haben 50 000 bzw. 60 000 Einwohner. Die kleinere Stadt wächst jedes Jahr um 4 %, die größere um 3 %. Berechne, nach wie viel Jahren beide Städte dieselbe Einwohnerzahl haben, wenn sich das Wachstum weiter so fortsetzt.

$50\,000 \cdot 1{,}04^x = 60\,000 \cdot 1{,}03^x$

$\Leftrightarrow \left(\frac{1{,}04}{1{,}03}\right)^x = \frac{60\,000}{50\,000}$ Folglich ist $x = \log \left(\frac{6}{5}\right) \approx 18{,}9$

Nach 19 Jahren haben beide Städte in etwa dieselbe Einwohnerzahl.

Teil	Ich kann bei einfachen Aufgaben …	Aufgaben	Kreuze an. 0–2	3–4	5–6
I.	Exponentialfunktionen erkennen.	1, 2	☹	😐	☺
II.	mit dem Logarithmus umgehen.	3, 4, 5	☹	😐	☺
III.	Exponentialgleichungen lösen.	6,7	☹	😐	☺

1 Erläutere, wie Alina zu ihrer Aussage kommt.

Alina könnte die Größe aller Familienmitglieder zusammengezählt haben. Diesen Summenwert hätte sie anschließend durch die Anzahl der Familienmitglieder geteilt.

Bei mir zu Hause ist jedes Familienmitglied im Durchschnitt 1,75 cm groß.

2 Von Montag bis einschließlich Samstag hat Familie Rütli die jeweilige Tageshöchsttemperatur auf ihrer Terrasse notiert.

Mo: 5 °C
Di: 5 °C
Mi: 1 °C
Do: −1 °C
Fr: −5 °C
Sa: −5 °C

a) Kreuze alle richtigen Aussagen an.

- [ ] Das Minimum der Tageshöchsttemperaturen ist 1 °C, das Maximum ist 5 °C.
- [x] Die Spannweite der Tageshöchsttemperaturen ist 10 °C.
- [x] Der Median der Tageshöchsttemperaturen ist 0 °C.
- [x] 5 °C und −5 °C sind der Modalwert der Tageshöchsttemperaturen.

b) Die Tageshöchsttemperatur beträgt in Durchschnitt in der Woche 0°C.

Bestimme die Tageshöchstemperatur am Sonntag. *0°C*

3 In einer 10. Klasse wurden die Durchschnittsnoten der Zeugnisse erhoben.

2,5	2,6	2	3	2,1	2,5	2,6	2,4	3,3	2,3
3,3	2,9	2,4	3	3,4	2,7	2,4	2,8	2,5	2,9
3,3	2,9	2,3	2,6	3,6	3,3	2,9	2,5	1,9	2,4

a) Bestimme Median und das arithmetische Mittel der Durchschnittsnoten.

Median: *2,6*

arithmetisches Mittel: $\bar{x} = \frac{81,3}{30} = 2,71$

b) Berechne...

... die mittlere lineare Abweichung der Daten vom arithmetischen Mittel.	... die Standardabweichung der Daten vom arithmetischen Mittel.
$d = \frac{\lvert 2,5-2,71\rvert + \lvert 2,6-2,71\rvert + \dots + \lvert 2,4-2,71\rvert}{30}$ $= \frac{10,74}{30}$ $= 0,358$	$s_2 = \frac{(2,5-2,71)^2 + (2,6-2,71)^2 + \dots + (2,4-2,71)^2}{30}$ $= \frac{5,447}{30} \approx 0,182$ $s = \sqrt{\frac{5,447}{30}} \approx 0,426$

4 a) Markiere eine weitere Zahl so, dass du den eingezeichneten Median erhältst.

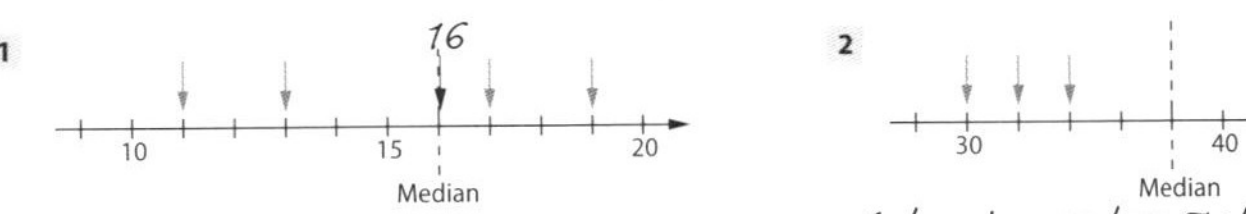

(oder eine andere Zahl ≥ 42)

b) Markiere eine weitere Zahl so, dass du das eingezeichnete arithmetische Mittel x erhältst.

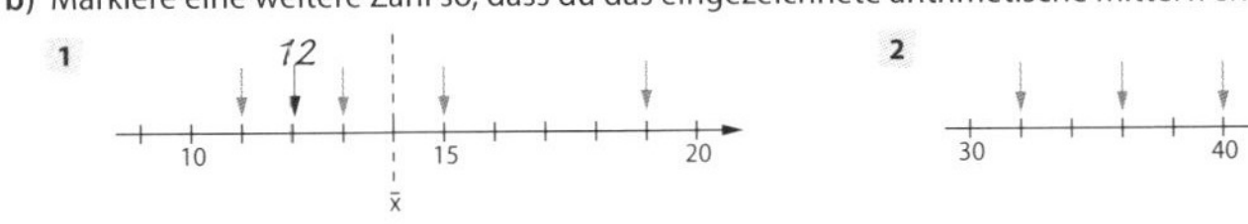

5 Eine Dartscheibe ist in Sektoren (mit jeweils gleichem Mittelpunktswinkel) eingeteilt, denen ein Punktwert von 1 bis 20 zugeordnet ist. Zusätzlich ist die Scheibe in Ringe unterteilt. Trifft man in den äußeren Ring, dann zählt der Wurf doppelt, im mittleren Ring dreimal so viel wie der Punktwert, ansonsten nur einfach. In der Mitte erhält man immer 50 Punkte, im Ring um die Mitte herum gibt es 25 Punkte.

Auf der abgebildeten Dartscheibe sind die Einschüsse eines Spielers markiert, der das Spiel „501" spielt. Dabei muss man mit möglichst wenig Würfen insgesamt 501 Punkte werfen.

Double (doppelte Wertung)
Single (einfache Wertung)
Triple (dreifache Wertung)
Bull's Eye (50 Punkte)
Single Bull (25 Punkte)

a) Bestimme die Anzahl der bisherigen Würfe. *24*

b) Berechne, wie viele Punkte bis 501 fehlen.

geworfene Punkte: *435* Punkte

Es fehlen noch *66* Punkte.

c) In welchen Sektor hat er am häufigsten getroffen?

In den Sektor „20"

d) Berechne die Anzahl der durchschnittlichen Punkte pro Wurf.

$435 : 24 = 18,125 \approx 18$

Er hat im Durchschnitt 18 Punkte pro Wurf geworfen.

e) Gib mindestens zwei Möglichkeiten an, wie man mit möglichst wenig Würfen die restlichen Punkte erzielen kann. Beachte, dass exakt noch 66 Punkte erzielt werden müssen.

Lösungsmöglichkeiten:

1. *Triple 20 + Double 3*
2. *Triple 19 + Single 9*
3. *Double 15 + Double 18*
4. *Double 17 + Double 16*

Möglichkeiten darstellen: Baumdiagramme

1 Ein vierseitiger Spielstein wird zweimal hintereinander geworfen, wobei jedes Mal die Augenzahl (1 bis 4) notiert wird.

a) Kreuze an, welches Baumdiagramm alle Kombinationsmöglichkeiten anzeigt.

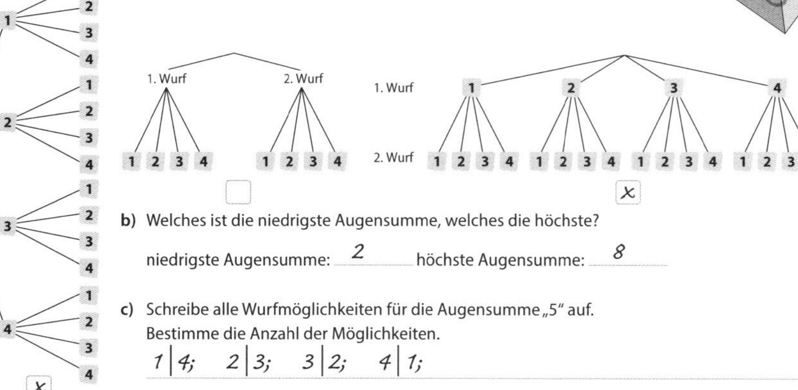

b) Welches ist die niedrigste Augensumme, welches die höchste?

niedrigste Augensumme: 2 höchste Augensumme: 8

c) Schreibe alle Wurfmöglichkeiten für die Augensumme „5" auf. Bestimme die Anzahl der Möglichkeiten.

1 | 4; 2 | 3; 3 | 2; 4 | 1;

Insgesamt: 4 Möglichkeiten

2 Bei einem Kettenbrief erhält man die Aufforderung, den Brief zu kopieren und an weitere Empfänger zu versenden. Das verursacht einen sinnlosen Papierberg. Elke bekommt den Kettenbrief nebenan und verschickt ihn wie angegeben weiter. Löse die Aufgaben ohne Taschenrechner.

Lieber Empfänger,
kopiere diesen Brief 5 Mal und sende ihn fünf Personen zu, die du kennst.
Viele Grüße
Der Ketten-Mann

a) Nimm an, es halten sich alle an die Anweisung. Gib die Anzahl der Briefe an, die von Elkes Empfängern weitergeschickt werden.

$5 \cdot 5 = 25$

b) Skizziere ein Baumdiagramm, dass den Kettenbrief beschreibt.

3 Beschreibe ein Zufallsexperiment, zu dem das abgebildete Baumdiagramm gehören könnte.

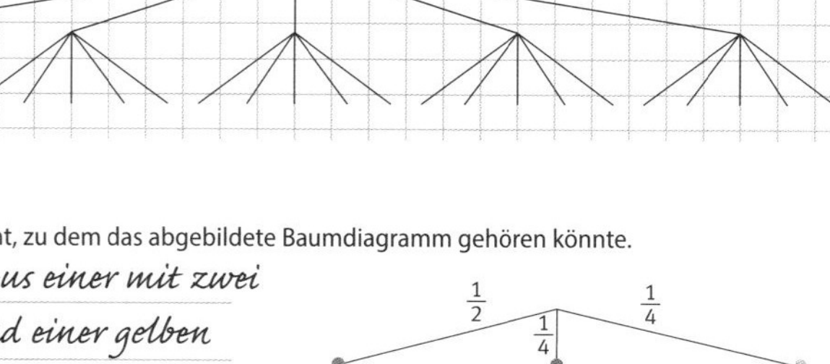

Lösungsmöglichkeit: Aus einer mit zwei blauen, einer roten und einer gelben Kugel gefüllten Schachtel werden nacheinander zwei Kugeln gezogen, wobei die zuerst gezogene Kugel wieder in die Schachtel zurückgelegt wird.

Möglichkeiten darstellen: Baumdiagramme

4 Arielle hat 10 blaue und 10 weiße Wäscheklammern in einem Beutel.

a) Gedankenverloren greift sie in den Beutel hinein und holt ohne hinzusehen zwei Wäscheklammern gleichzeitig heraus. Zeichne das zugehörige Baumdiagramm.

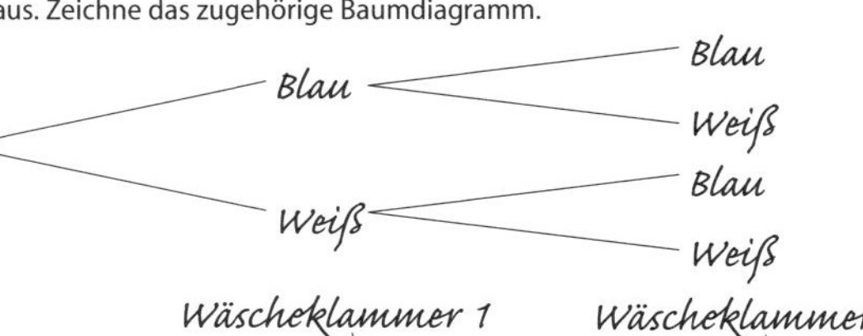

b) Gib die Anzahl an Wäscheklammern an, die Arielle mindestens gleichzeitig herausholen muss, um mit Sicherheit zwei gleichfarbige zu haben? 3

5 Uli, Mohamed, Kalle und Enisa hatten eine Wette laufen, wobei jeder einen Einsatz von 50 Euro erbringen musste. Nun steht fest, dass Kalle die Wette gewonnen hat! Laut jubelnd wirft er seinen Gewinn, drei 50-Euro-Scheine, hoch in die Luft. Wie viele Ergebnisse lassen sich beim Werfen der Scheine unterscheiden, wenn bei der Landung auf dem Boden nur betrachtet wird, welche Seite der Scheine oben liegt (Vorderseite V oder Rückeite R)? Zeichne zuerst das zugehörige Baumdiagramm.

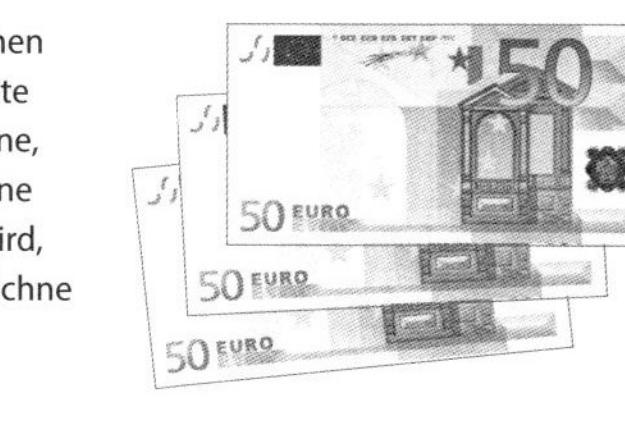

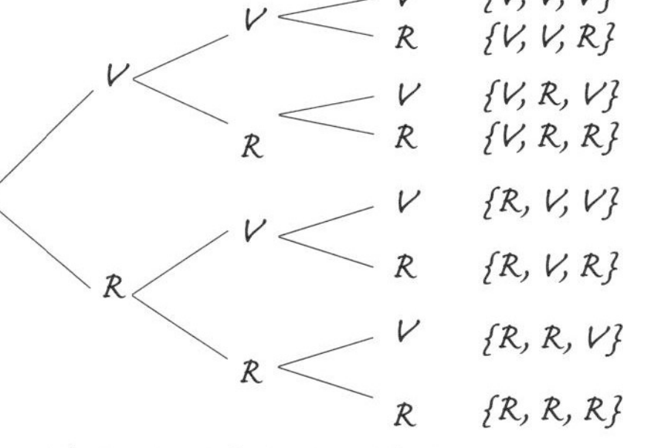

Insgesamt lassen sich vier Ergebnisse unterscheiden: „dreimal Vorderseite", „zweimal Vorderseite, einmal Rückseite", „einmal Vorderseite, zweimal Rückseite" und „dreimal Rückseite".

Also: {V, V, V}, {V, V, R}, {V, R, R}, {R, R, R}

1 Ein Kegel aus Holz wurde 2000-mal geworfen. In Position 1 ist er 1941-mal liegen geblieben, in Position 2 dagegen nur 59-mal.
Nun wird der Kegel erneut geworfen.

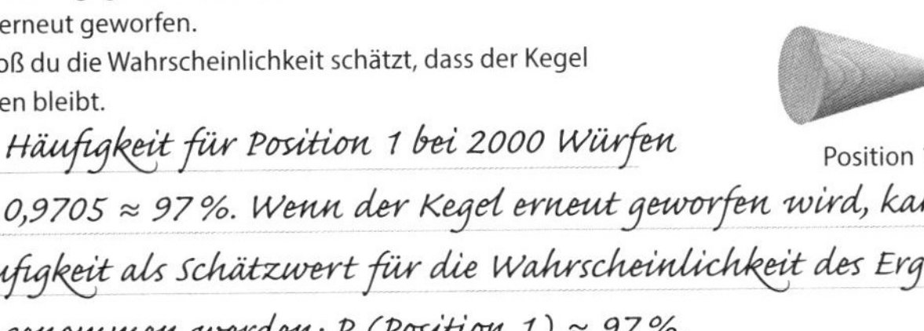

a) Erläutere, wie groß du die Wahrscheinlichkeit schätzt, dass der Kegel in Position 1 liegen bleibt.

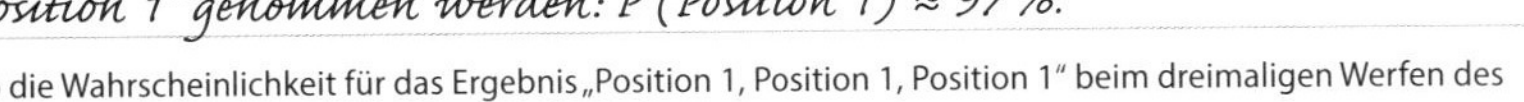

Die relative Häufigkeit für Position 1 bei 2000 Würfen war $\frac{1941}{2000} = 0{,}9705 \approx 97\,\%$. Wenn der Kegel erneut geworfen wird, kann diese relative Häufigkeit als Schätzwert für die Wahrscheinlichkeit des Ergebnisses „Position 1" genommen werden: P (Position 1) $\approx 97\,\%$.

b) Gib die Wahrscheinlichkeit für das Ergebnis „Position 1, Position 1, Position 1" beim dreimaligen Werfen des Kegels an.

P (Position 1, Position 1, Position 1) j $0{,}97 \cdot 0{,}97 \cdot 0{,}97 = 0{,}912673 \approx 91\,\%$

2 Zwei große Spielwürfel aus Schaumstoff, ein blauer und ein schwarzer, werden nacheinander geworfen. Wie groß ist die Wahrscheinlichkeit des Ereignisses E: „Mindestens einer der beiden Spielwürfel zeigt die Augenzahl Sechs an"? Kreuze alle richtigen Antworten an.

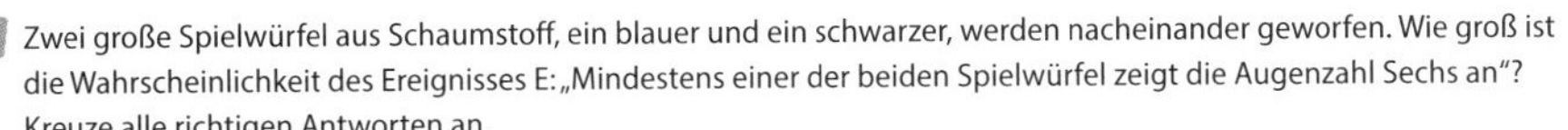

☐ $P(E) = \frac{1}{6} \cdot \frac{5}{6}$ ☒ $P(E) = \frac{1}{6} \cdot \frac{1}{6} + \frac{1}{6} \cdot \frac{5}{6} + \frac{5}{6} \cdot \frac{1}{6}$ ☐ $P(E) = \frac{1}{6} \cdot \frac{5}{6} + 2$ ☒ $P(E) = 1 - \frac{5}{6} \cdot \frac{5}{6}$

3 Aus einem gut gemischten Skatspiel (32 Karten) werden nacheinander zwei Karten gezogen, wobei die als Erstes gezogene Karte nicht zurückgelegt wird.

a) Wie groß ist die Wahrscheinlichkeit, dass die erste Karte ein Ass und die zweite ein König ist?
Bestimme mithilfe eines vereinfachten Baudiagramms die Wahrscheinlichkeit, dass die erste Karte ein Ass und die zweite Karte ein König ist.

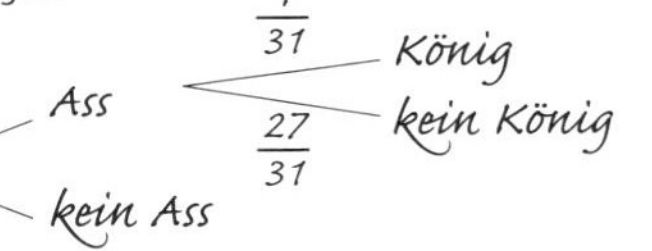
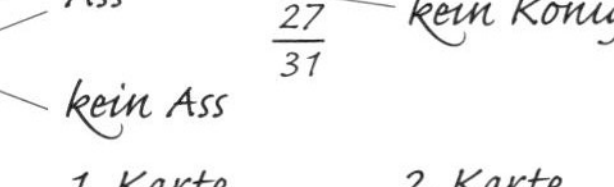

$\frac{4}{32}$ Ass — $\frac{4}{31}$ König; $\frac{27}{31}$ kein König
$\frac{28}{32}$ kein Ass
1. Karte 2. Karte

Mit der Wahrscheinlichkeit $\frac{4}{32} \cdot \frac{4}{31} = \frac{1}{62}$ ist die erste gezogene Karte ein Ass und die zweite ein König.

b) Als erste Karte wurde ein König gezogen. Erläutere, wie groß jetzt die Wahrscheinlichkeit ist, dass die zweite Karte ein Ass wird.

Ein König wurde bereits gezogen, dies steht fest. Somit sind noch 31 Karten im Stapel, darunter befinden sich vier Asse. Die Wahrscheinlichkeit, dass die zweite Karte ein Ass ist, ist folglich $\frac{4}{31}$.

4 Die Hollywood-Schauspielerin Miranda Movie hat in ihrer Handtasche fünf bis auf die Farbe identische Lippenstifte. Davon ist einer violett, die anderen vier sind rot. Ohne hinzusehen greift sie in ihre Handtasche hinein und zieht zwei Lippenstifte auf einmal heraus.

$\frac{1}{5}$ violett — $\frac{1}{1}$ rot
$\frac{4}{5}$ rot — $\frac{1}{4}$ violett; $\frac{3}{4}$ rot
Lippenstift 1 Lippenstift 2

Mit Wahrscheinlichkeit $\frac{4}{5} \cdot \frac{3}{4} = \frac{3}{5} = 0{,}6 = 60\,\%$ sind beide Lippenstifte rot.

5 Zwei Mitarbeiter eines Schokoladenherstellers (J.B. und K.H.) diskutieren darüber, einer Packung weißer und schwarzer Schafe einen Spielvorschlag für Kinder beizulegen. Sie entscheiden sich für „Erwisch' kein schwarzes Schaf", wissen aber nicht, welchen Vorschlag sie als Anweisung wählen sollen:

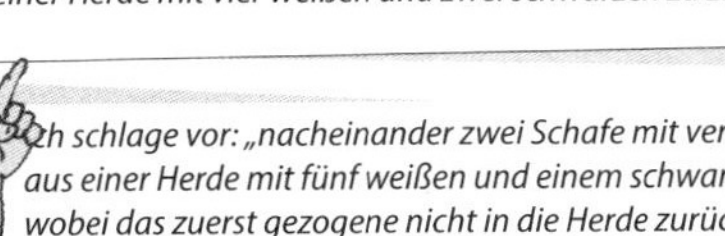

Begründe, bei welchem Vorschlag die Wahrscheinlichkeit größer ist „kein schwarzes Schaf zu erwischen".

Z.B.: Bei J.B.'s Variante ist die Wahrscheinlichkeit, „kein schwarzes Schaf zu erwischen", $\frac{4}{6} = \frac{2}{3}$) 0,67 = 67 %. Bei K.H.'s Variante ist die Wahrscheinlichkeit, „kein schwarzes Schaf zu erwischen", $\frac{5}{6} \cdot \frac{4}{5} = \frac{4}{6} = \frac{2}{3}$) 0,67 = 67 %:

$\frac{5}{6}$ „weißes Schaf" — $\frac{4}{5}$ „weißes Schaf"; $\frac{1}{5}$ „schwarzes Schaf"
$\frac{1}{6}$ „schwarzes Schaf"
1. Mal Ziehen 2. Mal Ziehen

Somit ist die Wahrscheinlichkeit, „kein schwarzes Schaf zu erwischen", bei beiden Varianten gleich groß.

Merkmale verbinden: Vierfeldertafel

1 Vervollständige die Vierfeldertafel.

a)

	K	$\overline{K}$	gesamt
M	*140*	72	212
$\overline{M}$	44	*48*	*92*
gesamt	*184*	120	*304*

b)

	G	$\overline{G}$	gesamt
V	12 %	*53 %*	*65 %*
$\overline{V}$	*3 %*	*32 %*	35 %
gesamt	15 %	*85 %*	*100 %*

2 a) Übertrage die Angaben aus dem Baumdiagramm in die Vierfeldertafel.

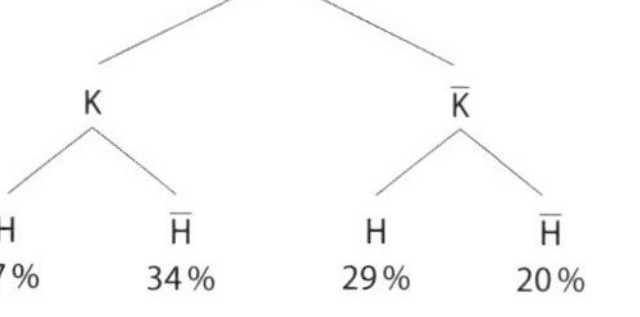

	K	$\overline{K}$	gesamt
H	*17 %*	*29 %*	*46 %*
$\overline{H}$	*34 %*	*20 %*	*54 %*
gesamt	*51 %*	*49 %*	*100 %*

b) Gib eine Sachsituation an, die zu dem Baumdiagramm bzw. der Vierfeldertafel passen kann.

Lösungsmöglichkeit: Bei einer Untersuchung wird gefragt, ob in einem Haushalt Kinder leben und ob es Haustiere gibt oder nicht.

3 Vervollständige die Vierfeldertafel und zeichne ein zugehöriges Baumdiagramm. Schreibe an die Enden des Baumdiagramms die zugehörigen Anzahlen aus der Vierfeldertafel.

	Gerät defekt (D)	Gerät nicht defekt ($\overline{D}$)	gesamt
Gerät aussortiert (A)	40	*5*	45
Gerät nicht aussortiert ($\overline{A}$)	*15*	1320	*1335*
gesamt	55	*1325*	*1380*

Lösungsmöglichkeit:

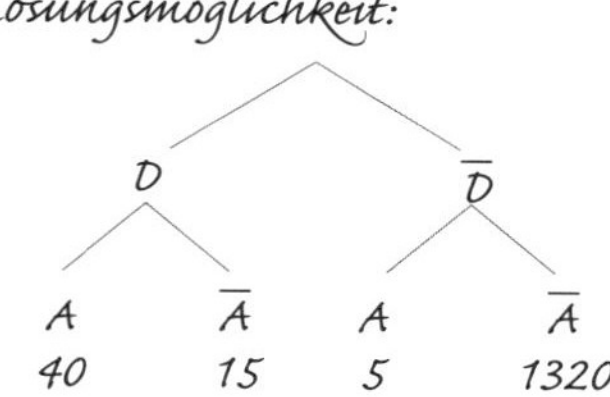

4 Radiowerbung wirkt. Die Befragung eines Marktforschungsunternehmens ergab, dass etwa 25 % der Hörer Radiowerbung wahrnehmen (W). Insgesamt kaufen 12 % der Hörer das beworbene Produkt (P); $\frac{5}{6}$ der Käufer haben vorher die Werbung wahrgenommen.
Bestimme mithilfe einer Vierfeldertafel die Wahrscheinlichkeit dafür, dass ein Hörer, der ein beworbenes Produkt kauft, zuvor die Werbung im Radio wahrgenommen hat.

	W	$\overline{W}$	gesamt
P	*10 %*	*2 %*	*12 %*
$\overline{P}$	*15 %*	*73 %*	*88 %*
gesamt	*25 %*	*75 %*	*100 %*

$P = \frac{10}{12} = \frac{5}{6} \approx 83{,}3\,\%$

Simulation stochastischer Vorgänge

1 Kreuze bei jeder Situation an, ob sie mit „Ziehen ohne Zurücklegen" oder „Ziehen mit Zurücklegen" verglichen werden kann.

	Situation	vergleichbar mit Ziehen …	
		ohne Zurücklegen	mit Zurücklegen
a)	Auf einer Kirmes zieht Paul nacheinander 10 Lose an der Losbude.	☒	☐
b)	Saskia dreht bei einem Gewinnspiel zwei Mal ein Glücksrad.	☐	☒
c)	Martin würfelt bei einem Spiel mit zwei Würfeln. Wenn die Augensumme größer als 6 ist, dann kann er weiter gehen, ansonsten muss er warten.	☐	☒
d)	Bei einem Skatspiel erhält Ahmet zu Beginn 8 zufällig gezogene Karten aus dem Kartenspiel.	☒	☐

2 Ein Gummischwein, das entweder auf der Seite oder auf den Füßen landet, und ein Farbwürfel (rot, gelb, grün, blau, weiß und schwarz) werden gleichzeitig geworfen.

a) Gib an, aus welchen Teilexperimenten sich das beschriebene Zufallsexperiment zusammensetzt.

Das Zufallsexperiment setzt sich aus dem Werfen eines Gummischweinchens und dem Werfen eines Farbwürfels zusammen.

b) Bestimme die Anzahl der verschiedenen Ergebnisse.

Insgesamt sind $2 \cdot 6 = 12$ verschiedene Ergebnisse möglich.

3 Beim Roulette kann die Spielkugel bei jeder Drehung des Spielrades in einem Feld der Zahlen von 0 bis 36 landen. Dabei sind 18 Zahlen rot markiert, 18 Zahlen schwarz und die 0 ist „neutral".
Je nachdem, wo man auf dem Spielfeld seinen Einsatz platziert, bekommt man bei einem Gewinn seinen Einsatz vervielfacht.

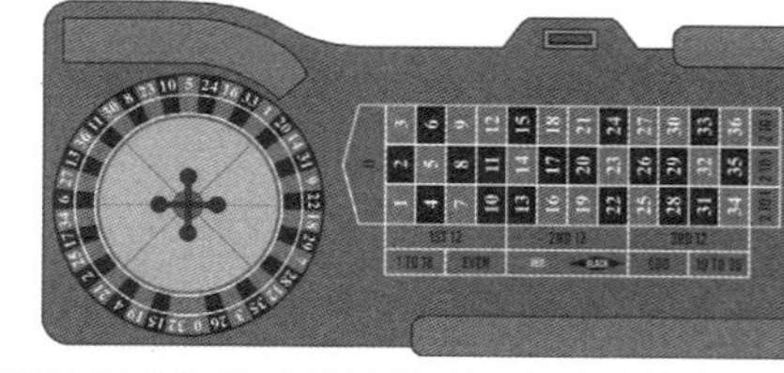

a) Ergänze die Tabelle.

Bezeichnung	Wetten auf …	Zahlen	Gewinnwahrscheinlichkeit
plein	eine Zahl	z. B. *18*	*$\frac{1}{37} \approx 2{,}7\,\%$*
RED	alle roten Zahlen	*1, 3, 5, 7, 9, 12, 14, 16, 18, 19, 21, 23, 25, 27, 30, 32, 34, 36*	*$\frac{18}{37} \approx 48{,}6\,\%$*
2ND 12	zweites Duzend	*13, 14, 15, 16, 17, 18, 19, 20, 21, 22, 23, 24*	*$\frac{12}{37} \approx 32{,}4\,\%$*

b) Bestimme die Wahrscheinlichkeit dafür, dass zweimal hintereinander …

1 eine schwarze Zahl kommt: $P = \frac{18}{37} \cdot \frac{18}{37} = \frac{324}{1369} \approx 23{,}7\,\%$

2 die Zahl 23 gezogen wird: $P = \frac{1}{37} \cdot \frac{1}{37} = \frac{1}{1369} \approx 0{,}1\,\%$

I. Baumdiagramme und Pfadregeln anwenden

1 Ein Süßwarenhersteller wirbt mit Sammelfiguren in jeder sechsten Süßware. Peter kauft wahllos drei Süßwaren.

a) Erstelle für den Sachverhalt ein passendes Baumdiagramm.

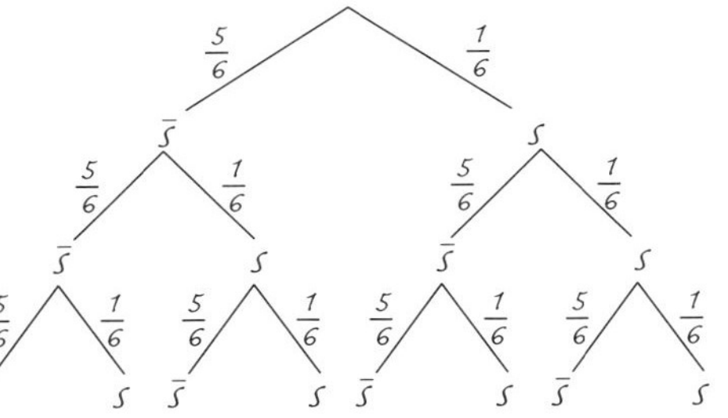

b) Bestimme die Wahrscheinlichkeit als Bruch und in Prozent, dass Peter (1) drei (2) zwei Sammelfiguren erhält.

$\frac{1}{6} \cdot \frac{1}{6} \cdot \frac{1}{6} = \frac{1}{216} \approx 0{,}5\,\%$; $\frac{1}{6} \cdot \frac{1}{6} \cdot \frac{5}{6} + \frac{1}{6} \cdot \frac{5}{6} \cdot \frac{1}{6} + \frac{5}{6} \cdot \frac{1}{6} \cdot \frac{1}{6} = \frac{15}{216} \approx 7\,\%$

II. Vierfeldertafeln nutzen

2 Der Ausschnitt aus einem Zeitungsartikel enthält Informationen über Personenschäden (P) sowie den Einfluss von Rauschmitteln (R), die bei den Unfällen festgestellt wurden. Als Unfall mit Personenschaden werden im Straßenverkehr alle Unfälle bezeichnet, bei denen mindestens eine Person verletzt oder getötet wurde, unabhängig von der Höhe des Sachschadens.

Wieder zahlreiche Autounfälle im letzten Jahr
Wiesbaden – Laut Statistischem Bundesamt hat die Polizei in Deutschland 2 414 011 Unfälle im Straßenverkehr erfasst, davon waren 219 105 mit Personenschaden. Unter den Unfällen mit Personenschaden waren 54 582 Unfälle, bei denen Rauschmittel wie Alkohol im Spiel waren. Insgesamt registrierte die Polizei bei 27 % aller Unfälle im Straßenverkehr Rauschmittel.

a) Erstelle eine Vierfeldertafel zu dem Sachverhalt.

	P	$\overline{P}$	gesamt
R	54 582	597 201	651 783
$\overline{R}$	164 523	1 597 705	1 762 228
gesamt	219 105	2 194 906	2 414 011

b) Beantworte mithilfe der Vierfeldertafel die folgenden Aufgaben. Runde geeignet.

1	Bestimme die Anzahl an Verkehrsunfällen mit Personenschaden, bei denen kein Rauschmittel im Spiel war.	164 523
2	Gib den Anteil an Verkehrsunfällen ohne Personenschaden an.	≈ 90,9 %
3	Bestimme den Anteil der Unfälle mit Personenschaden und Rauschmitteln an allen Unfällen, bei denen Rauschmittel festgestellt wurden.	≈ 8,4 %

III Stochastische Vorgänge simulieren

3 Bei einem Gewinnspiel darf Gesa zwei Kugeln aus einem Glas ziehen. In diesem Glas befinden sich vier gleichartige undurchsichtige Kugeln, die jeweils einen Zettel enthalten, auf dem 50 €, 20 €, 10 € bzw. „leider nichts“ steht.

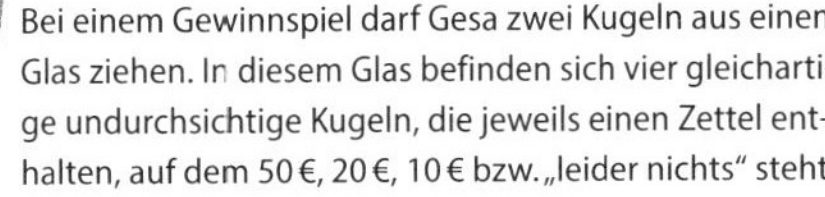

Gesa zieht eine Kugel, öffnet sie, notiert die Aufschrift und legt die Kugel mit dem Zettel wieder verschlossen in das Glas zurück. Dann zieht sie erneut. Die Gewinne auf dem Zettel bekommt sie anschließend ausbezahlt.

a) Gib die Beträge an, die Gesa gewinnen kann.
Tipp: Du kannst dazu ein Baumdiagramm nutzen.

Mögliche Gewinne: 100 €, 70 €, 60 €, 50 €, 40 €, 30 €, 20 €, 10 €, 0 €

b) Bestimme die Wahrscheinlichkeit, mit der Gesa die folgenden Gewinne erhält:

A: genau 100 €	$P(A) = \frac{1}{16} \approx 6{,}3\,\%$	B: mindestens 30 €	$P(B) = \frac{10}{16} = 62{,}5\,\%$
C: höchstens 20 €	$P(C) = \frac{6}{16} \approx 37{,}5\,\%$	D: weniger als 20 €	$P(D) = \frac{3}{16} \approx 18{,}8\,\%$

c) Begründe, dass die Gewinnwahrscheinlichkeiten für 100 € Gewinn und 0 € Gewinn gleich sind.

Zu beiden Möglichkeiten führt dieselbe Anzahl an Pfaden (hier 1) im Baumdiagramm.

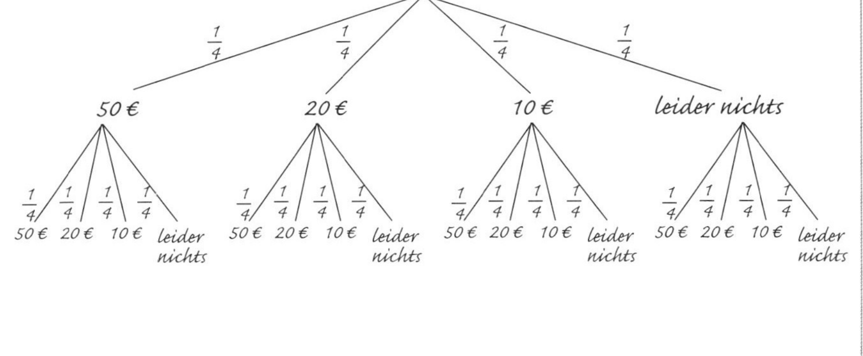

Teil	Ich kann bei einfachen Aufgaben …	Aufgaben	Kreuze an. 0–2	3–4	5–6
I.	Baumdiagramme und Pfadregeln anwenden.	1	☹	😐	☺
II.	Vierfeldertafeln nutzen.	2	☹	😐	☺
III.	Stochastische Vorgänge simulieren.	3	☹	😐	☺

Sinus und Kosinus im rechtwinkligen Dreieck

1 Markiere für den angegebenen Winkel die Ankathete in blau, die Gegenkathete in grün und die Hypotenuse in rot. Schreibe den Sinus und Kosinus als Verhältnis der Seitenlängen.

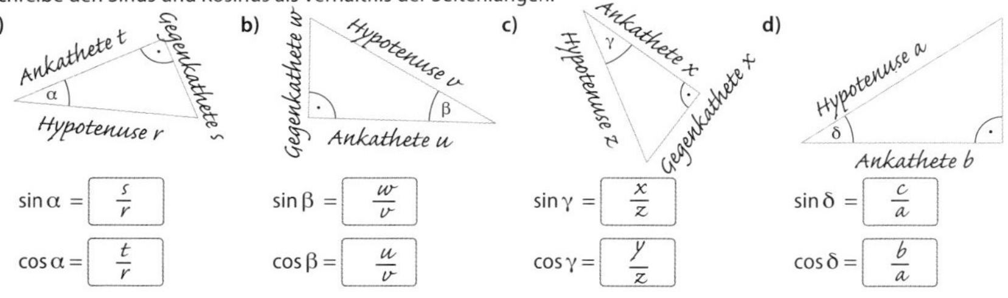

a) $\sin\alpha = \frac{s}{r}$ $\cos\alpha = \frac{t}{r}$

b) $\sin\beta = \frac{w}{v}$ $\cos\beta = \frac{u}{v}$

c) $\sin\gamma = \frac{x}{z}$ $\cos\gamma = \frac{y}{z}$

d) $\sin\delta = \frac{c}{a}$ $\cos\delta = \frac{b}{a}$

2 Berechne den Winkel α mithilfe der gegebenen Schrittfolge. Runde geeignet.

	a)	b)	c)
	a = 4,3 cm, c = 9,3 cm	b = 12,5 cm, c = 7,9 cm	b = 3,7 cm, c = 7,6 cm
1 Zusammenhang beschreiben	$\sin\alpha = \frac{4{,}3\ cm}{9{,}3\ cm}$	$\cos\alpha = \frac{7{,}9\ cm}{12{,}5\ cm}$	$\cos\alpha = \frac{3{,}7\ cm}{7{,}6\ cm}$
2 Winkel α berechnen	α ≈ 27,5°	α ≈ 50,8°	α ≈ 60,9°

3 Berechne die gesuchten, rot markierten Größen. Runde auf eine Dezimale.

a)

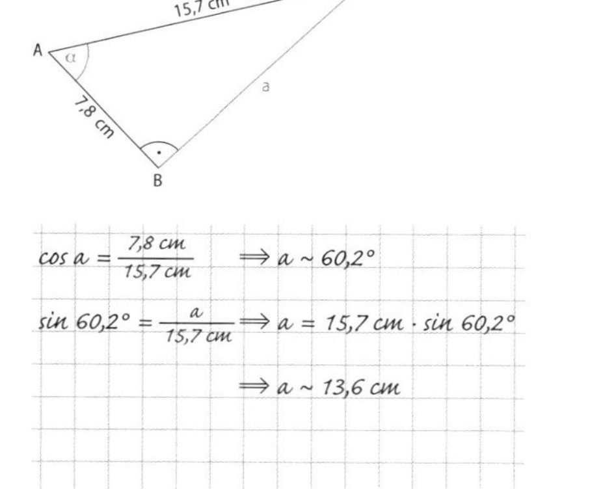

$\cos\alpha = \frac{7{,}8\ cm}{15{,}7\ cm} \Rightarrow \alpha \sim 60{,}2°$

$\sin 60{,}2° = \frac{a}{15{,}7\ cm} \Rightarrow a = 15{,}7\ cm \cdot \sin 60{,}2°$

$\Rightarrow a \sim 13{,}6\ cm$

a = 13,6 cm α = 60,2°

(Alternativ Pythagoras)

b)

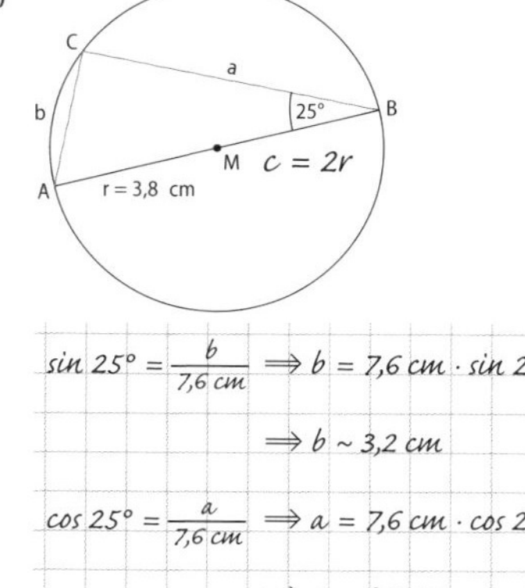

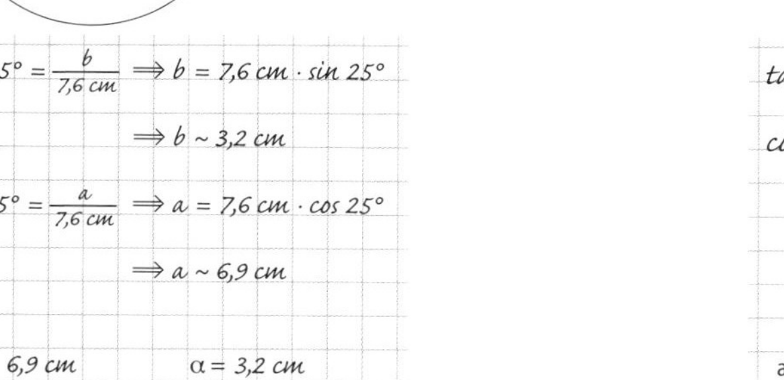

$\sin 25° = \frac{b}{7{,}6\ cm} \Rightarrow b = 7{,}6\ cm \cdot \sin 25°$

$\Rightarrow b \sim 3{,}2\ cm$

$\cos 25° = \frac{a}{7{,}6\ cm} \Rightarrow a = 7{,}6\ cm \cdot \cos 25°$

$\Rightarrow a \sim 6{,}9\ cm$

a = 6,9 cm α = 3,2 cm

Tangens im rechtwinkligen Dreieck

1 Bestimme tan α und tan β.

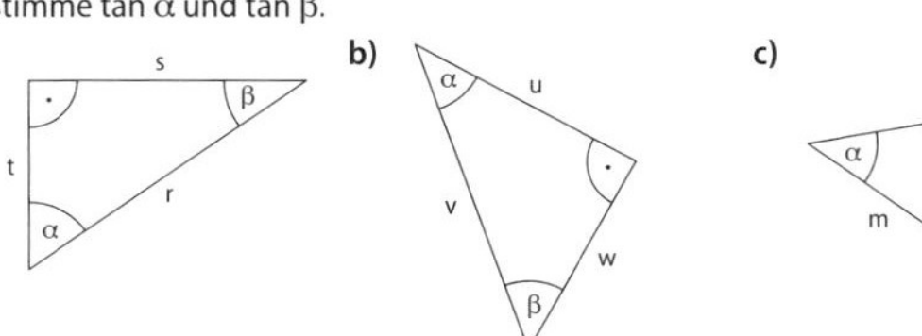

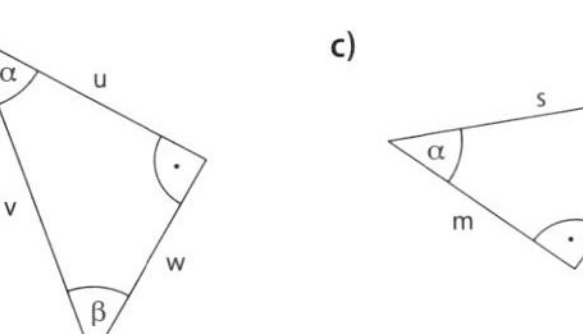

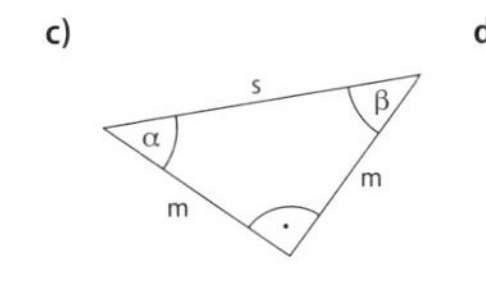

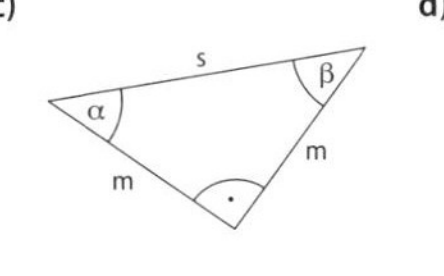

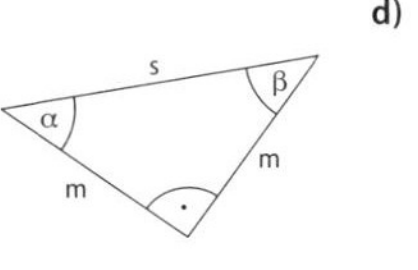

a) $\tan\alpha = \frac{s}{t}$ $\tan\beta = \frac{t}{s}$

b) $\tan\alpha = \frac{w}{u}$ $\tan\alpha = \frac{u}{w}$

c) $\tan\alpha = \frac{m}{m} = 1$ $\tan\alpha = \frac{m}{m} = 1$

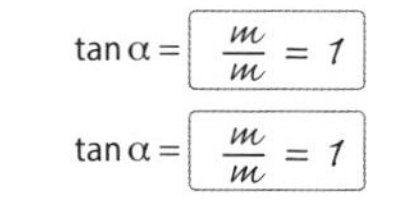

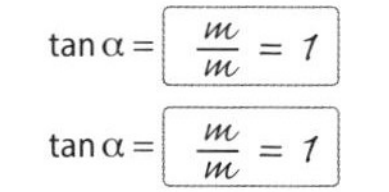

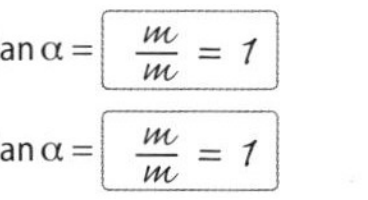

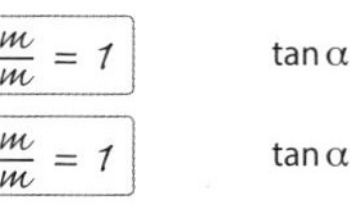

d) $\tan\alpha = \frac{k}{l}$ $\tan\alpha = \frac{l}{k}$

2 Bestimme die fehlenden Werte für 0° ≤ a < 90°. Runde geeignet.

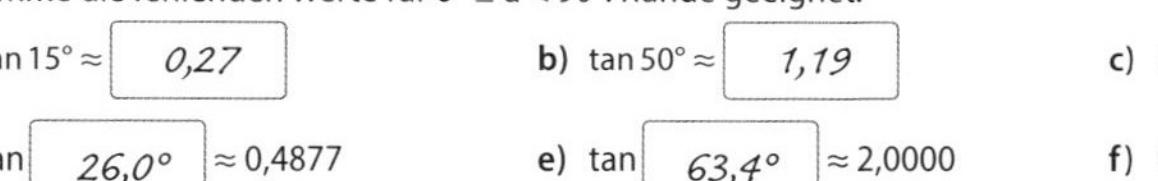

a) tan 15° ≈ 0,27 **b)** tan 50° ≈ 1,19 **c)** tan 89° ≈ 57,29

d) tan 26,0° ≈ 0,4877 **e)** tan 63,4° ≈ 2,0000 **f)** tan 78,0° ≈ 4,7046

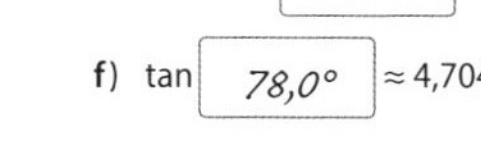

3 Beschreibe zunächst den Zusammenhang durch die Seitenbezeichnungen a, b und c. Bestimme dann die Größe des Winkels α auf drei Arten. Runde auf ganze Grad.

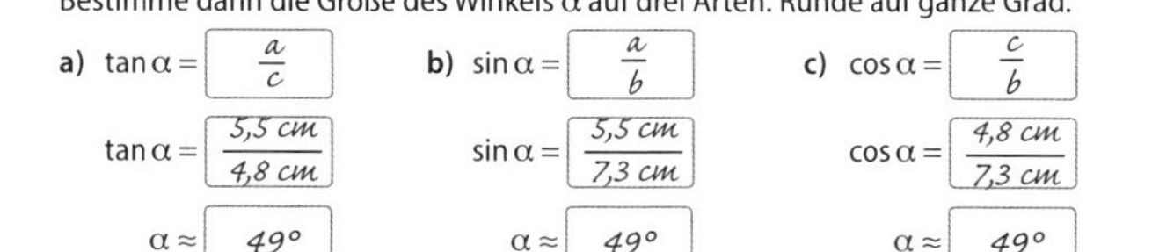

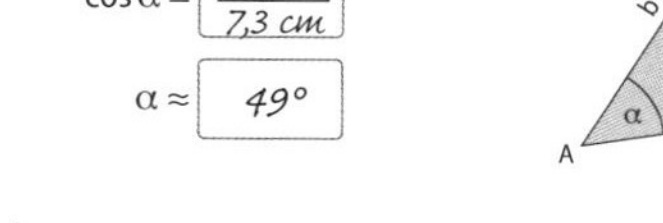

a) $\tan\alpha = \frac{a}{c}$ $\tan\alpha = \frac{5{,}5\ cm}{4{,}8\ cm}$ α ≈ 49°

b) $\sin\alpha = \frac{a}{b}$ $\sin\alpha = \frac{5{,}5\ cm}{7{,}3\ cm}$ α ≈ 49°

c) $\cos\alpha = \frac{c}{b}$ $\cos\alpha = \frac{4{,}8\ cm}{7{,}3\ cm}$ α ≈ 49°

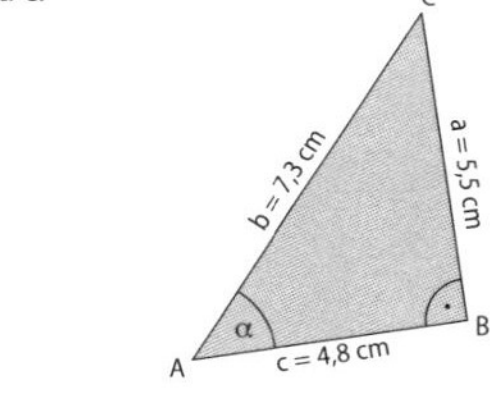

4 Berechne die gesuchten Größen. Runde auf eine Dezimale.

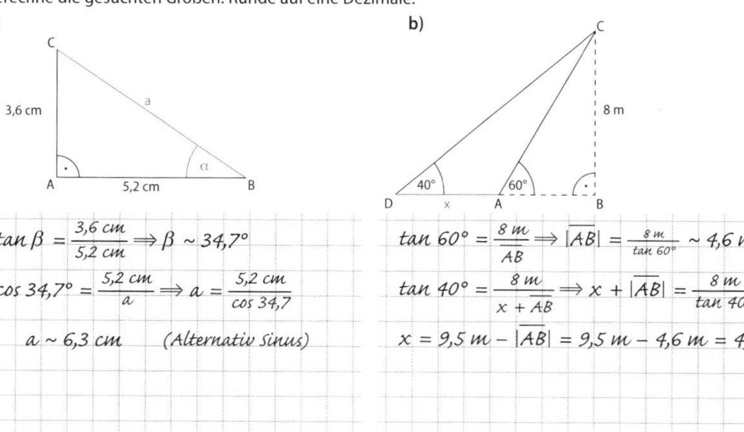

a)

$\tan\beta = \frac{3{,}6\ cm}{5{,}2\ cm} \Rightarrow \beta \sim 34{,}7°$

$\cos 34{,}7° = \frac{5{,}2\ cm}{a} \Rightarrow a = \frac{5{,}2\ cm}{\cos 34{,}7}$

$a \sim 6{,}3\ cm$ (Alternativ Sinus)

a = 6,3 cm β = 34,7°

b)

$\tan 60° = \frac{8\ m}{AB} \Rightarrow |\overline{AB}| = \frac{8\ m}{\tan 60°} \sim 4{,}6\ m$

$\tan 40° = \frac{8\ m}{x + AB} \Rightarrow x + |\overline{AB}| = \frac{8\ m}{\tan 40°} \sim 9{,}5\ m$

$x = 9{,}5\ m - |\overline{AB}| = 9{,}5\ m - 4{,}6\ m = 4{,}9\ m$

x = 4,9 m

Zusammenhänge zwischen Sinus, Kosinus und Tangens

1 a) Zeichne zu jedem Winkel die zugehörige Länge des Sinus- und Kosinuswertes ein.
b) Markiere gleiche Werte von Sinus und Kosinus in gleicher Farbe.

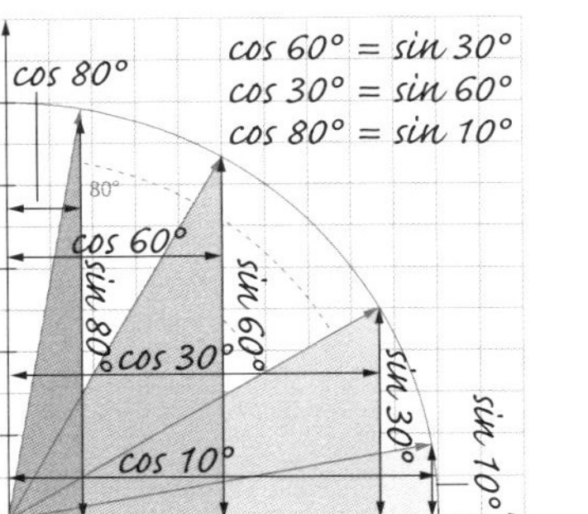
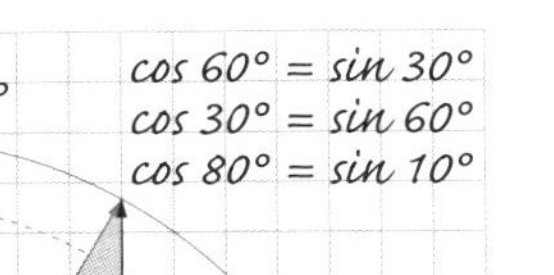

2 Verbinde wertgleiche Kärtchen miteinander.

sin 10°	sin 50°	sin 45°	sin 15°	sin 75°	sin 25°
cos 45°	cos 15°	cos 80°	cos 40°	cos 65°	cos 75°

3 Kreuze die richtige Lösung an, ohne den Taschenrechner zu verwenden.

a) tan 90°	= 0	= 1	= 10 000	X nicht definiert
b) cos 0°	= 0	X = 1	$= \frac{1}{2}$	nicht definiert
c) sin 42° – cos 48°	X = 0	= 1	> 1	nicht definiert
d) tan α = 6000	α = 0°	α = 10°	X α ≈ 89,99°	α = 90°

4 Bestimme einen Winkel zwischen 180° und 360°, der denselben Kosinus- bzw. Tangenswert hat.

a) cos 110° = cos 250° b) cos 75° = cos 285° c) tan 135° = tan 315°

5 Überprüfe den Zusammenhang zwischen sin α, cos α und tan α, indem du …

1 tan α direkt berechnest. 2 den Zusammenhang $\tan\alpha = \frac{\sin\alpha}{\cos\alpha}$ nutzt.

Runde jeweils auf zwei Dezimalen.

	a) α = 20°	b) α = 45°	c) α = 60°	d) α = 70°	e) α = 80°
sin α	0,34	0,71	0,87	0,94	0,98
cos α	0,94	0,71	0,50	0,34	0,17
tan α (1)	0,36	1,00	1,73	2,75	5,67
tan α (2)	0,36	1,00	1,74	2,76	5,76

Sinus, Kosinus und Tangens im Alltag

1 Eine 10 m lange Leiter steht an einer Hauswand. Bestimme für die gegebenen Winkelmaße α die Höhe h und den Abstand x. Runde auf cm.

	α = 60°	α = 75°	α = 80°
h	8,67 m	9,66 m	9,85 m
x	5,00 m	2,59 m	1,74 m

2 Die beiden Holme einer Stehleiter sind 3 m lang. Beim Aufstellen schließen sie einen Winkel von 30° ein. Berechne, wie hoch die Leiter reicht.

15°, 3 m, h

$\cos 15° = \frac{h}{3m}$

$\Rightarrow h = 3\,m \cdot \cos 15°$

$h \approx 2{,}90\,m$

Antwort: Die Leiter reicht 2,90 m m hoch.

3 a) Bestimme die Steigung in Prozent einer Straße mit dem Steigungswinkel α = 4°. Runde auf ganze Prozent.

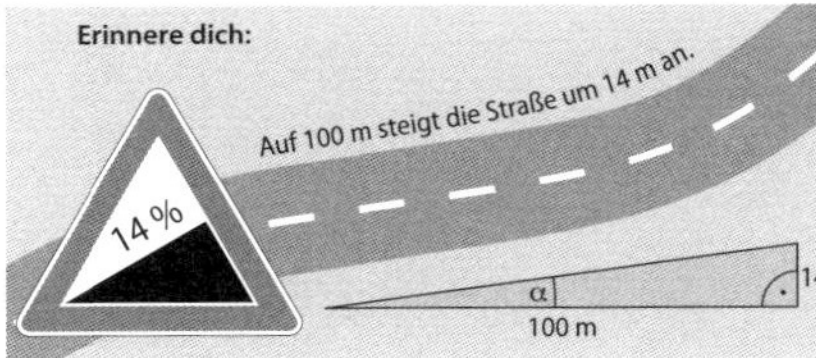

$\tan 4° = \frac{x}{100\,m}$

$\Rightarrow x = 100\,m \cdot \tan 4° \approx 7{,}0\,m$

Steigung: 7 %

b) Die Schiene einer Bergbahn hat eine Steigung von 35 %. Berechne den Steigungswinkel α.

$\tan\alpha = \frac{35\,m}{100\,m} = 0{,}35 \Rightarrow \alpha \approx 19{,}3°$

α ≈ 19,3°

4 a) Berechne die Länge l des äußeren Stahlseils der Brücke.

l ≈ 95,4 m

b) Berechne die Gesamthöhe des Mittelpfeilers.

h ≈ 43,3 m + 35 m = 78,3 m

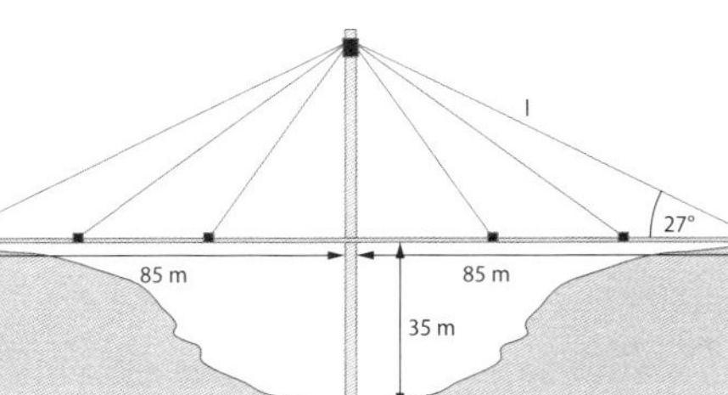

Sinus, Kosinus und Tangens im Alltag

5 Ein Drachenflieger startet von einem 120 m hohen Hügel und gleitet (ohne Aufwind) mit einem Gleitwinkel von ungefähr 7° ins Tal hinab.

a) Begründe, dass die eingezeichneten Winkel α gleich groß sein müssen.

Die eingezeichneten Winkel sind Wechselwinkel.

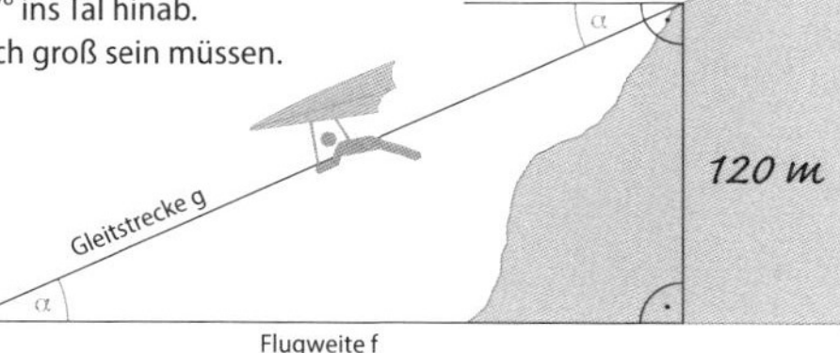

b) Bestimme die Flugweite f des Drachenfliegers.

$\tan 7° = \frac{120\,m}{f}$

$\Rightarrow f = \frac{120\,m}{\tan 7°} \approx 977\,m$

Flugweite: f = *977* m

c) Berechne die Länge der Gleitstrecke g.

$\sin 7° = \frac{120\,m}{g}$

$\Rightarrow g = \frac{120\,m}{\sin 7°} = 985\,m$

Gleitstrecke: g = *985* m

6 Vögel sind unterschiedlich gute Gleiter. Ihre Gleitfähigkeit wird als Verhältnis zwischen Höhenverlust und horizontal gemessener Flugstrecke festgelegt. Vervollständige die Tabelle, indem du für die Vogelarten den jeweiligen Gleitwinkel angibst.

Vogelart	Bussard	Möwe	Taube	Meise
Gleitfähigkeit	1 : 20	1 : 15	1 : 9	1 : 5
Gleitwinkel	≈ 2,9°	≈ 3,8°	≈ 6,3°	≈ 11,3°

$\tan \alpha = \frac{1}{20} \Rightarrow \alpha \approx 2{,}9°$

$\tan \alpha = \frac{1}{15} \Rightarrow \alpha \approx 3{,}8°$

$\tan \alpha = \frac{1}{9} \Rightarrow \alpha \approx 6{,}3°$

$\tan \alpha = \frac{1}{5} \Rightarrow \alpha \approx 11{,}3°$

7 Die Abbildung soll die Lage von Berlin auf der Erdkugel skizzieren. Man sagt: „Berlin liegt zwischen dem 52. und 53. Breitengrad", d. h. auf einem Kreis, der vom Äquator um etwa 52,5° abweicht. Bestimme den Radius r dieses Kreises, wenn der Radius der Erde R ≈ 6370 km beträgt. Nutze die Skizze und beschrifte sie geeignet.

Skizze:

$\sin 37{,}5° = \frac{r}{R} = \frac{r}{6370\,km}$

$\Rightarrow r = 6370\,km \cdot \sin 37{,}5°$

$r \approx 3878\,km$

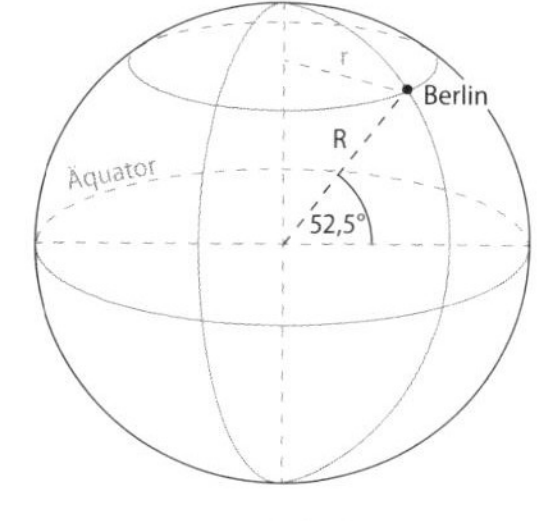

Radius r ≈ *3878* km

Zusammenhänge: Sinus und Kosinus in beliebigen Dreiecken

1 Kreuze alle Möglichkeiten an, die die Zusammenhänge richtig angeben.

a)

- [ ] $\frac{r}{\sin\alpha} = \frac{t}{\sin\gamma}$
- [x] $\frac{s}{\sin\alpha} = \frac{t}{\sin\beta}$
- [ ] $\frac{t}{\sin\beta} = \frac{r}{\sin\alpha}$
- [ ] $\frac{s}{\sin\alpha} = \frac{r}{\sin\alpha}$

b)

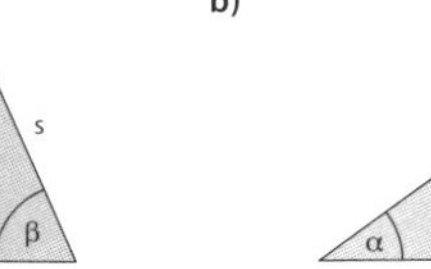

- [x] $\frac{l}{\sin\alpha} = \frac{k}{\sin\gamma}$
- [ ] $\frac{k}{\sin\alpha} = \frac{m}{\sin\beta}$
- [x] $\frac{m}{\sin\beta} = \frac{l}{\sin\alpha}$
- [x] $\frac{k}{\sin\gamma} = \frac{l}{\sin\alpha}$

c)

- [ ] $\frac{\sin\alpha}{y} = \frac{\sin\beta}{z}$
- [x] $\frac{\sin\gamma}{z} = \frac{\sin\alpha}{y}$
- [ ] $\frac{\sin\beta}{x} = \frac{\sin\gamma}{y}$
- [x] $\frac{y}{\sin\alpha} = \frac{z}{\sin\gamma}$

2 Ergänze in der Tabelle die fehlenden Größen des Dreiecks ABC. Runde geeignet.

	a)	b)	c)	d)	e)
a	7,5 cm	4,8 cm	≈ 7,5 m	≈ 4,0 cm	17,1 m
b	3,4 cm	≈ 6,4 cm	12,1 m	≈ 4,7 cm	≈ 9,2 m
c	≈ 8,3 cm	9,2 cm	≈ 12,7 m	5,6 cm	≈ 20,1 m
α	65°	≈ 29°	35°	45°	58°
β	≈ 24°	41°	68°	55°	27°
γ	91°	110°	77°	80°	95°

Hinweis: Je nach Reihenfolge der Rechnung sind aufgrund von Rundungsabweichungen teils andere Werte möglich.

3 3ei einer Aufforstung soll ein künftiges Waldgrundstück, das näherungsweise dreieckig ist, eingezäunt werden, um es vor Wildverbiss zu schützen. Berechne die Länge des dafür notwendigen Zauns. Entnimm die Angaben der Zeichnung.

$\alpha = 180° - 67° - 51° = 62°$

$\frac{c}{\sin 67°} = \frac{720\,m}{\sin 62°} \Rightarrow c \approx 751\,m$

$\frac{b}{\sin 51°} = \frac{720\,m}{\sin 62°} \Rightarrow b \approx 634\,m$

Zaunlänge: *2105* m

Zusammenhänge: Sinus und Kosinus in beliebigen Dreiecken

4 Schreibe drei Möglichkeiten auf, um den Flächeninhalt des Dreiecks zu berechnen.

a)

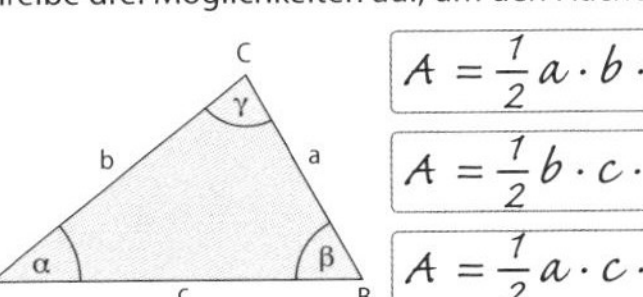

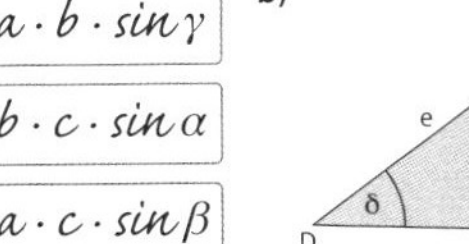

$A = \frac{1}{2} a \cdot b \cdot \sin\gamma$

$A = \frac{1}{2} b \cdot c \cdot \sin\alpha$

$A = \frac{1}{2} a \cdot c \cdot \sin\beta$

b)

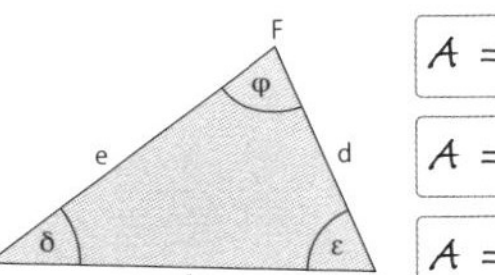

$A = \frac{1}{2} e \cdot f \cdot \sin\delta$

$A = \frac{1}{2} e \cdot d \cdot \sin\varphi$

$A = \frac{1}{2} d \cdot f \cdot \sin\varepsilon$

5 Berechne jeweils den Flächeninhalt der Dreiecke ABC. Die Lösungen ergeben in der Reihenfolge der Aufgabe eine Stadt in Brandenburg.

a) a = 3,5 cm; b = 7,1 cm; γ = 32°

b) a = 6,2 cm; c = 4,3 cm; β = 85°

c) a = 4,8 cm; b = 7,6 cm; γ = 74°

d) b = 9,2 cm; c = 2,8 cm; α = 55°

e) b = 1,8 cm; c = 12,3 cm; α = 68°

f) a = 2,3 cm; c = 7,0 cm; β = 47°

g) b = 4,0 cm; c = 8,2 cm; α = 20°

L A ≈ 10,6 cm²

B A ≈ 6,6 cm²

Z A ≈ 5,6 cm²

I A ≈ 10,3 cm²

E A ≈ 17,5 cm²

E A ≈ 13,3 cm²

T A ≈ 5,9 cm²

Lösungswort: *B E E L I T Z*

6 Frau Vollmer lässt ein 6,80 m breites Carport mit Satteldach bauen. Die vordere Dachfläche möchte sie noch mit Alublech verkleiden, um sie besser gegen Witterungseinflüsse zu schützen. Sie misst eine Dachschräge von 30° gegen die Horizontale. Wie viel Blech benötigt sie, wenn sie zusätzlich 10 % für Verschnitt einplant?

Dachlänge l: $\frac{l}{\sin 30°} = \frac{6{,}80\,m}{\sin 120°} \Rightarrow l \approx 3{,}93\,m$

$A = \frac{1}{2} \cdot 6{,}80\,m \cdot 3{,}93\,m \cdot \sin 30° \approx 6{,}7\,m^2$

Menge: $6{,}7\,m^2 \cdot 1{,}1 \approx 7{,}4\,m^2$

Frau Vollmer benötigt *7,4* m² Alublech.

7 Berechne den Flächeninhalt des Trapezes (b = d).

c = 5 cm; d; h; b; 60°; a = 8 cm

$h = 1{,}5\,cm \cdot \tan 60° \approx 2{,}6\,cm$

$A_{Tr} = \frac{1}{2} \cdot (a + c) \cdot h$

$A_{Tr} = \frac{1}{2} \cdot (8\,cm + 5\,cm) \cdot 2{,}6\,cm = 16{,}9\,cm^2$

A = *16,9 cm²*

8 Stelle jeweils den Kosinussatz für das Dreieck mit den gegebenen Bezeichnungen auf.

a) b) c)

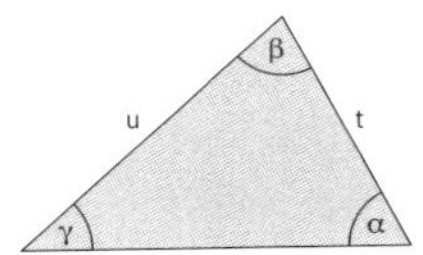

$x^2 = y^2 + z^2 - 2yz \cdot \cos\alpha$

$y^2 = x^2 + z^2 - 2xz \cdot \cos\beta$

$z^2 = x^2 + y^2 - 2xy \cdot \cos\gamma$

$s^2 = t^2 + u^2 - 2tu \cdot \cos\beta$

$t^2 = s^2 + u^2 - 2su \cdot \cos\gamma$

$u^2 = s^2 + t^2 - 2st \cdot \cos\alpha$

$a^2 = b^2 + c^2 - 2bc \cdot \cos\gamma$

$b^2 = a^2 + c^2 - 2ac \cdot \cos\alpha$

$c^2 = a^2 + b^2 - 2ab \cdot \cos\beta$

9 Zeige durch Umformung, dass der Satz des Pythagoras als Spezialfall des Kosinussatzes betrachtet werden kann. Gehe von einem Dreieck ABC mit γ = 90° aus.

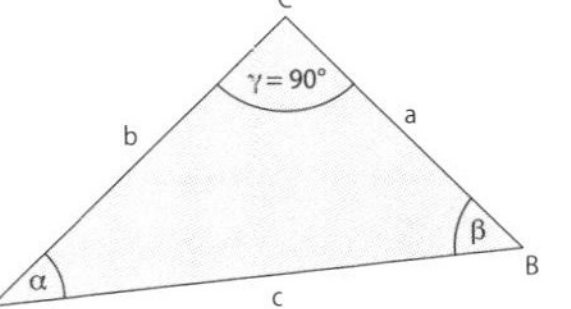

$c^2 = a^2 + b^2 - 2ab \cdot \cos\gamma$

$= a^2 + b^2 - \underbrace{2a \cdot b \cdot \cos 90°}_{0,\ \text{wegen } \cos 90° = 0}$

$c^2 = a^2 + b^2$

10 Bestimme die Größe der Innenwinkel des Dreiecks ABC.

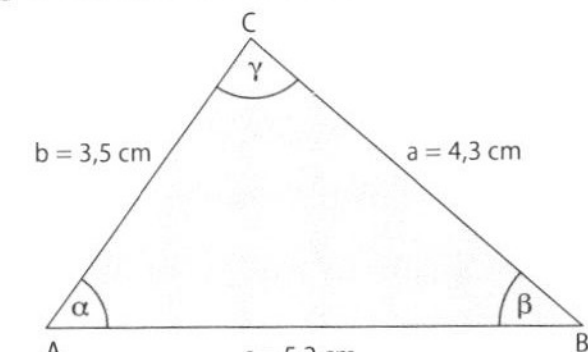

Lösungsmöglichkeit:

erster Winkel mit Kosinussatz,

zweiter Winkel mit Sinussatz,

dritter Winkel mit Innenwinkelsumme.

α ≈ 55,2°

β ≈ 41,9°

γ ≈ 82,9°

11 An einem Binnensee in Deutschland verbindet eine Fähre die beiden eingezeichneten Orte. Bestimme die Länge s der Strecke, die die Fähre zurücklegt.

$s^2 = (2{,}3\,km)^2 + (3{,}0\,km)^2 - 2 \cdot 2{,}3 \cdot 3{,}0\,km^2 \cdot \cos 55°$

$s^2 = 5{,}29\,km^2 + 9\,km^2 - 13{,}8\,km^2 \cdot \cos 55°$

$s^2 \approx 6{,}37\,km^2$

$s \approx 2{,}5\,km$

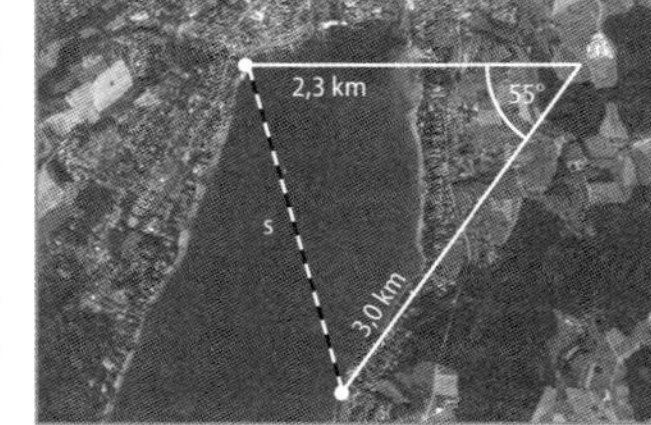

Länge der Fährverbindung: *2,5* km

I. Zusammenhänge zwischen Sinus, Kosinus und Tangens anwenden

1 **a)** Bestimme die Koordinaten der Punkte am Einheitskreis. Runde auf zwei Dezimalen.

P_1 (0,26 | 0,97) P_2 (−0,94 | 0,34)

P_3 (−0,82 | −0,57) P_4 (0,62 | −0,79)

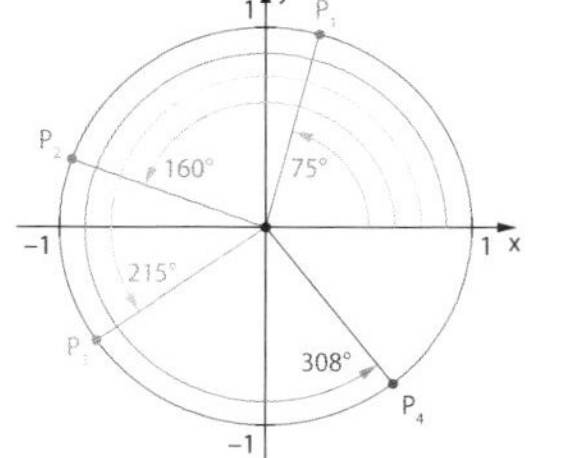

2 Für einen spitzen Winkel α gilt: sin α = 0,80.
Bestimme cos α und tan α ohne Verwendung des Taschenrechners.

$(\sin\alpha)^2 + (\cos\alpha)^2 = 1 \Rightarrow (\cos\alpha)^2 = 1 - (\sin\alpha)^2$
$= 1 - (0{,}80)^2 = 1 - 0{,}64 = 0{,}36$
$\Rightarrow \cos\alpha = 0{,}6$

$\tan\alpha = \frac{\sin\alpha}{\cos\alpha} = \frac{0{,}8}{0{,}6} = \frac{4}{3} = 1\frac{1}{3}$

II. Sinus, Kosinus und Tangens für Anwendungen nutzen

3 Ein Baum steht direkt am Ufer eines Sees. Um die Breite des Sees zu bestimmen, haben Landvermesser eine 30 m lange Strecke am gegenüberliegenden Ufer abgemessen und von den Endpunkten der Strecke den Baum jeweils unter einem Winkel von 71° anvisiert.
Bestimme die Länge des Baumes durch …

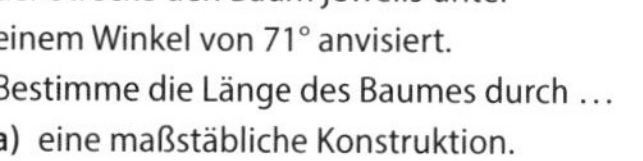

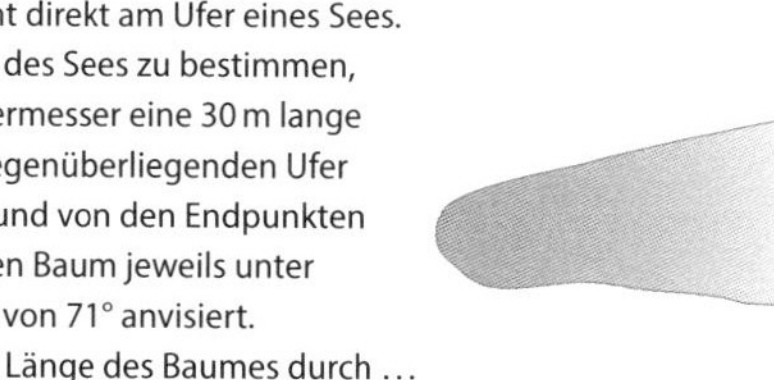

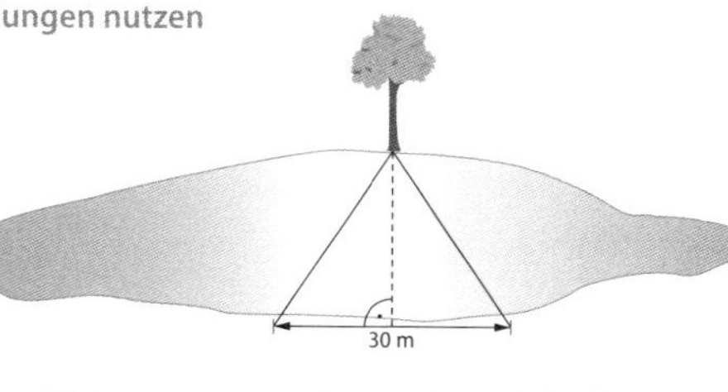

a) eine maßstäbliche Konstruktion.

1 cm ≙ 10 m

b ~ 4,4 cm

71° 71°

gemessene Seebreite: 44

b) Berechnung unter Nutzung der Winkelgrößen.

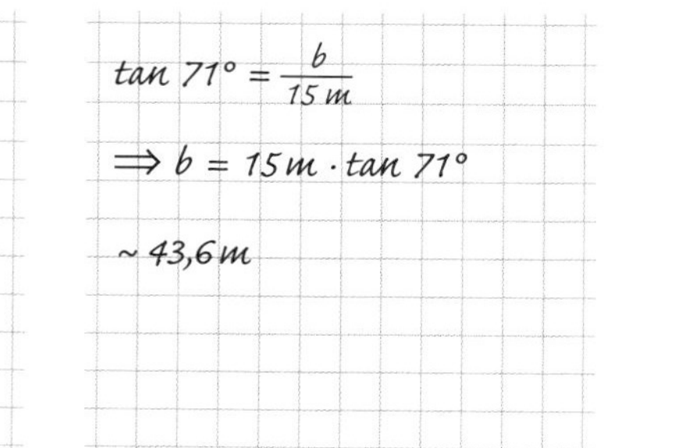

$\tan 71° = \frac{b}{15\,m}$

$\Rightarrow b = 15\,m \cdot \tan 71°$

$\sim 43{,}6\,m$

berechnete Seebreite: 43,6

III. Zusammenhänge von Sinus und Kosinus in beliebigen Dreiecken anwenden

4 Die Karte zeigt die Lage einer beliebten Badestelle bei Brandenburg an der Havel.

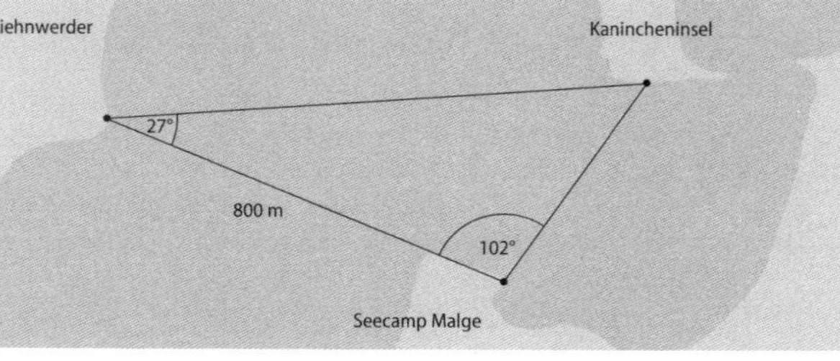

a) Schätze die Entfernung vom Seecamp zur Kanincheninsel: ≈ 400 m

b) Berechne die Entfernung: 467 m

5 Gib eine Formel an, mit der du aus den gegebenen Größen des Dreiecks den Flächeninhalt bestimmen kannst.

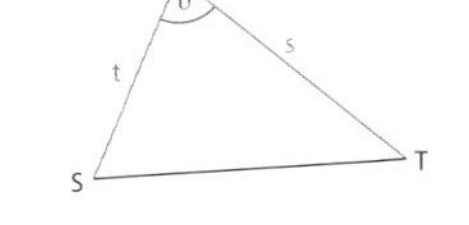

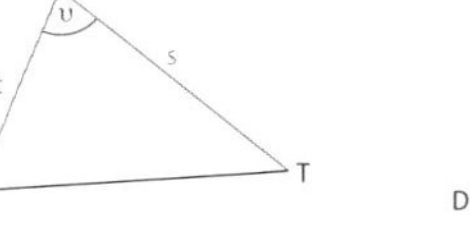

$A = \frac{1}{2} \cdot s \cdot t \cdot \sin\gamma$

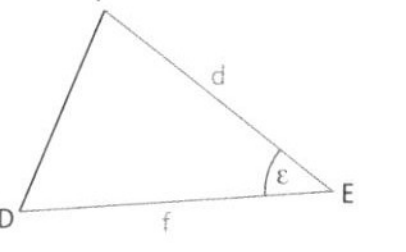

$A = \frac{1}{2} \cdot d \cdot f \cdot \sin\varepsilon$

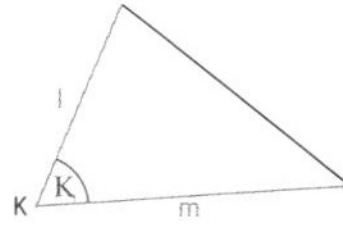

$A = \frac{1}{2} \cdot l \cdot m \cdot \sin K$

6 Markiere jeweils die gegebenen Größen an beiden Dreiecken.
Berechne den Flächeninhalt des Dreiecks mit a = 5 cm, b = 7,5 cm und γ = 30°.

$A = \frac{1}{2} \cdot a \cdot b \cdot \sin\gamma$
$A = \frac{1}{2} \cdot 5\,cm \cdot 7{,}5\,cm \cdot \sin 30° \approx 9{,}38\,cm$

Teil	Ich kann bei einfachen Aufgaben …	Aufgaben	Kreuze an. 0–2	3–4	5–6
I.	Zusammenhänge zwischen Sinus, Kosinus und Tangens anwenden.	1, 2	☹	😐	☺
II.	Sinus, Kosinus und Tangens für Anwendungen nutzen.	3	☹	😐	☺
III.	Zusammenhänge von Sinus und Kosinus in beliebigen Dreiecken anwenden.	4, 5, 6	☹	😐	☺

Sinus am Einheitskreis

1 Zeichne in den Ausschnitt des Einheitskreises weitere rechtwinklige Dreiecke und finde damit die fehlenden Werte.

	α	sin α	cos α
a)	20°	*0,34*	*0,94*
b)	30°	*0,5*	*0,87*
c)	45°	0,71	*0,71*
d)	*60°*	0,87	*0,5*
e)	*79°*	0,98	*0,2*
f)	*18°*	*0,31*	0,95

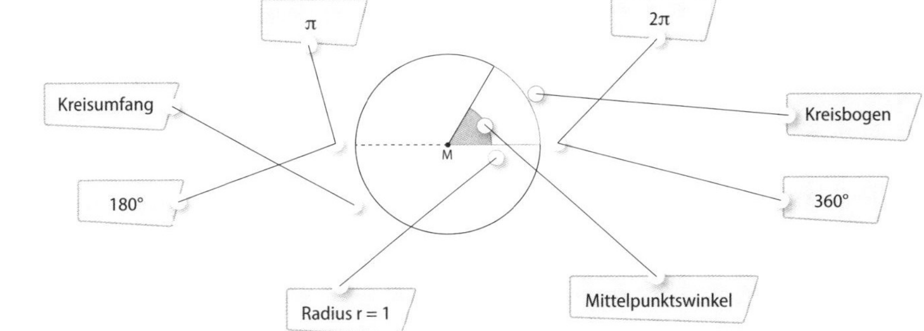

2 Markiere alle Terme, die denselben Wert haben, mit gleicher Farbe.

cos 54° | $\sin \frac{7}{10}\pi$ | sin 126° | $\sin \frac{\pi}{3}$ | sin 210° | $\cos \frac{3}{10}\pi$

cos 30° | $\cos \frac{2}{3}\pi$ | cos 120° | sin 144° | $\cos \frac{\pi}{6}$ | sin 60°

3 Kreuze an, ob die Aussage wahr oder falsch ist.

	Aussage	wahr	falsch
a)	sin 97° < cos 97°		x
b)	Für $\pi < x < 1{,}5\,\pi$ gilt: $\cos x < 0$.	x	
c)	Ist $\alpha < \beta$, dann ist auch $\sin \alpha < \sin \beta$.		x
d)	Für $0° \le \alpha \le 180°$ gilt: $\sin \alpha \ge 0$.	x	
e)	Für $\frac{\pi}{4} < x < \pi$ gilt: $\sin x > \cos x$.	x	

4 Bestimme alle möglichen Werte für α im Intervall $0° \le \alpha \le 180°$.

a) sin 50° = cos α α = *40°*

b) cos 10° = sin α α = *80°; 100°*

c) sin 120° = cos α α = *30°*

d) cos 100° = sin α α = *keine Lösung*

 ➲ Schülerbuch Seite 146

Das Bogenmaß

1 Verbinde die Angaben mit den entsprechenden Stellen am Einheitskreis.

Kreisumfang, π, 180°, 2π, Kreisbogen, 360°, Radius r = 1, Mittelpunktswinkel, M

2 Ergänze die fehlenden Angaben zu Kreisbogen bzw. Mittelpunktswinkel am Einheitskreis.

a)

Mittelpunktswinkel α	0°	30°	45°	60°	90°	120°	135°	150°
Kreisbogen b	*0*	$\frac{\pi}{6}$	$\frac{\pi}{4}$	$\frac{\pi}{3}$	$\frac{\pi}{2}$	$\frac{2\pi}{3}$	$\frac{3\pi}{4}$	$\frac{5\pi}{6}$

b)

Mittelpunktswinkel α	*180°*	*210°*	*240°*	*270°*	*300°*	*215°*	*330°*	*360°*
Kreisbogen b	π	$\frac{7}{6}\pi$	$\frac{4}{3}\pi$	$\frac{3}{2}\pi$	$\frac{5}{3}\pi$	$\frac{7}{4}\pi$	$\frac{11}{6}\pi$	2π

3 Kreuze die zwischen Kreisbogen und Mittelpunktswinkel des Einheitskreises gültigen Zusammenhänge an.

$b = 2\pi \cdot \alpha$	$\frac{b}{2\pi} = \frac{\alpha}{360°}$	$\frac{b}{\alpha} = \frac{\pi}{360°}$	$\frac{\alpha}{180°} = \frac{b}{\pi}$	$\frac{\alpha}{b} = \frac{360°}{2\pi}$	$\frac{\alpha}{360°} = \frac{2\pi}{b}$
	x		x	x	

4 Berechne die zugehörige Bogenlänge. Runde auf eine Dezimalstelle.

a) r = 4 cm; α = 90°
$b = \frac{90°}{360°} \cdot 2 \cdot \pi \cdot 4\,cm = 2\pi\,cm \approx 6{,}3\,cm$

b) r = 5 cm; α = 30°
$b = \frac{30°}{360°} \cdot 2\pi \cdot 5\,cm = \frac{5}{6}\pi\,cm \approx 2{,}6\,cm$

c) r = 6 cm; α = 120°
$b = \frac{120°}{360°} \cdot 2\pi \cdot 6\,cm = 4\pi\,cm \approx 12{,}6\,cm$

d) r = 0,5 cm; α = 150°
$b = \frac{150°}{360°} \cdot 2\pi \cdot 0{,}5\,cm = \frac{5}{12}\pi\,cm \approx 1{,}3\,cm$

5 Berechne den Mittelpunktswinkel in Grad- und Bogenmaß. Runde auf eine Dezimalstelle.

a) r = 4 cm; b = 5 cm
$\alpha = \frac{5\,cm}{2\pi} \cdot \frac{1}{4\,cm} \cdot 360° \approx 71{,}6°$
Im Bogenmaß: $x \approx 0{,}4\pi$

b) r = 5 cm; b = 1 cm
$\alpha = \frac{1\,cm}{2\pi} \cdot \frac{1}{5\,cm} \cdot 360° \approx 11{,}5°$
Im Bogenmaß: $x \approx 0{,}1\pi$

c) r = 10 cm; b = 20 cm
$\alpha = \frac{10\,cm}{2\pi} \cdot \frac{1}{10\,cm} \cdot 360° \approx 114{,}6°$
Im Bogenmaß: $x \approx 0{,}6\pi$

➲ Schülerbuch Seite 148

Die Sinusfunktion

1 **a)** Trage die fehlenden Werte in die Tabelle ein.

x	0	$\frac{1}{4}\pi$	$\frac{1}{2}\pi$	$\frac{3}{4}\pi$	π	$\frac{5}{4}\pi$	$\frac{3}{2}\pi$	$\frac{7}{4}\pi$	2π
sin x	0	0,71	1	0,71	0	−0,71	−1	−0,71	0

b) Zeichne den Graphen der Funktion f (x) = sin x in das vorgegebene Koordinatensystem.

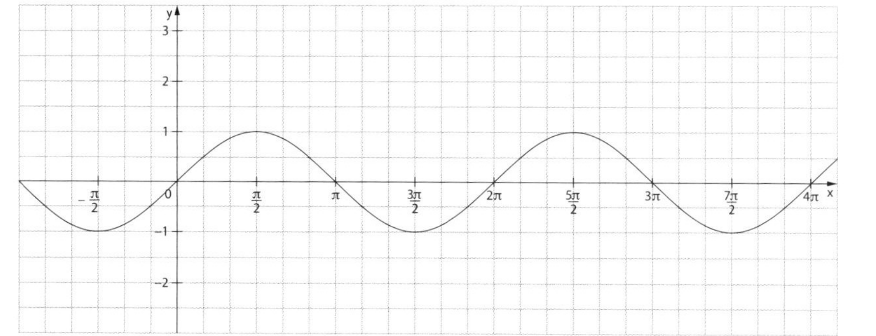

2 Vervollständige den Steckbrief der Sinusfunktion.

Die Sinusfunktion	Bogenmaß	Gradmaß
Symmetrie	punktsymmetrisch zum Ursprung O (0 | 0)	punktsymmetrisch zum Ursprung O (0 | 0)
Periodenlänge	2π	360°
x-Koordinaten der Nullstellen	im Bereich $0 \le x \le 2\pi$: $x_{01} = 0$; $x_{02} = \pi$; $x_{03} = 2\pi$	im Bereich $0° \le \alpha \le 360°$: $a_{01} = 0°$; $a_{02} = 180°$; $a_{03} = 360°$
Amplitude	1	1
Wertebereich	[−1; 1]	[−1; 1]
x-Koordinaten der Maximalstellen	im Bereich $0 \le x \le 2\pi$: $x_{max} = \frac{\pi}{2}$	im Bereich $0° \le \alpha \le 360°$: $\alpha_{max} = 90°$
x-Koordinaten der Minimalstellen	im Bereich $0 \le x \le 2\pi$: $x_{min} = \frac{3}{2}\pi$	im Bereich $0° \le \alpha \le 360°$: $\alpha_{min} = 270°$
Monotonie	$0 \le x \le \frac{\pi}{2}$: steigend $\frac{\pi}{2} \le x \le \frac{3}{2}\pi$: fallend $\frac{3}{2}\pi \le x \le 2\pi$: steigend	$0 \le \alpha \le 90°$: steigend $90° \le \alpha \le 270°$: fallend $270° \le \alpha \le 360°$: steigend

Einfluss der Parameter auf die Sinusfunktion

1 Bestimme jeweils die Periodenlänge.

a) 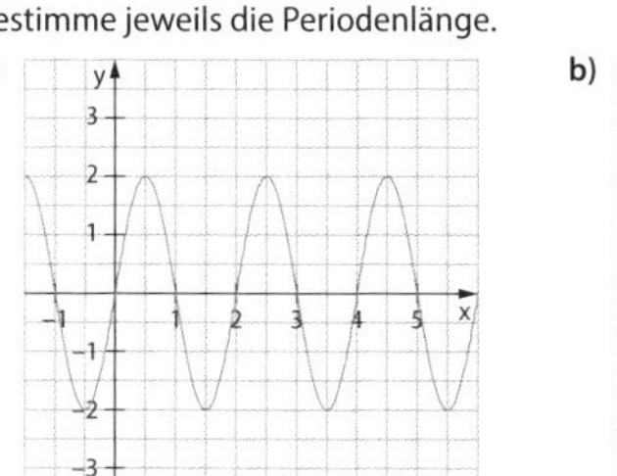

Periodenlänge: 2 Einheiten

b) 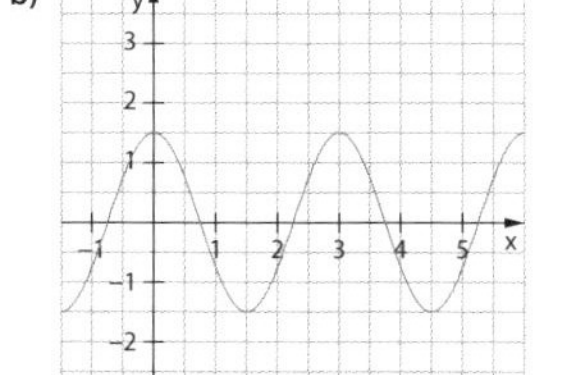

Periodenlänge: 3 Einheiten

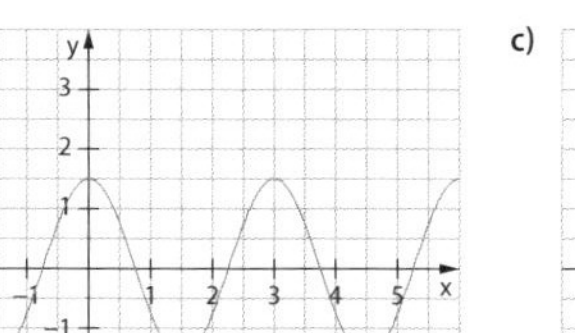

c) 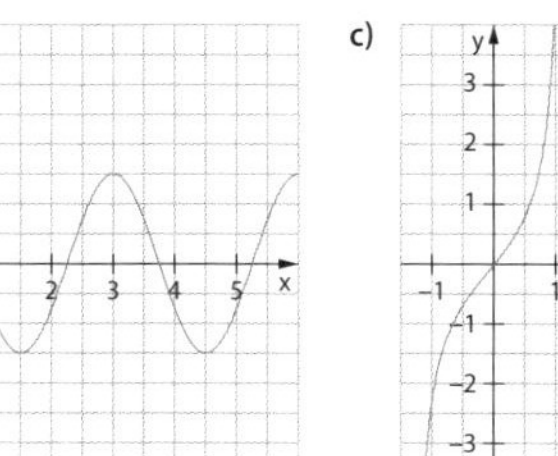

Periodenlänge: 2,5 Einheiten

2 **a)** Berechne die Funktionswerte. Runde auf eine Dezimalstelle. Ergänze dann die Tabelle für $0 \le x \le 2\pi$.

x	0	$\frac{\pi}{4}$	$\frac{\pi}{2}$	$\frac{3\pi}{4}$	π	$\frac{5\pi}{4}$	$\frac{3\pi}{2}$	$\frac{7\pi}{4}$	2π
1 f (x) = −sin x	0	−0,7	−1,0	−0,7	0	0,7	1	0,7	0
2 g (x) = 1,5 sin x	0	1,1	1,5	1,1	0	−1,1	−1,5	−1,1	0

b) Zeichne die Graphen der Funktionen aus a) in das abgebildete Koordinatensystem.

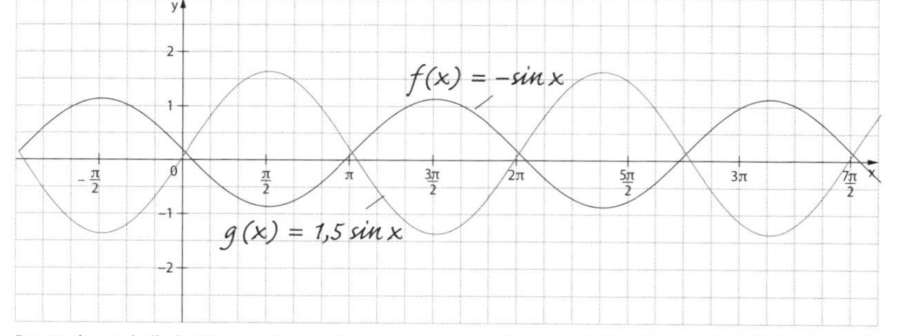

Begründe, weshalb die Werte in der Tabelle genügen, um den Graph auch für x-Werte außerhalb des Intervalls [0; 2π] zeichnen zu können.

Der Grund dafür liegt in der Periodizität der Sinusfunktion (Periodenlänge 2π).

3 Bestimme den zugehörigen Funktionsterm.

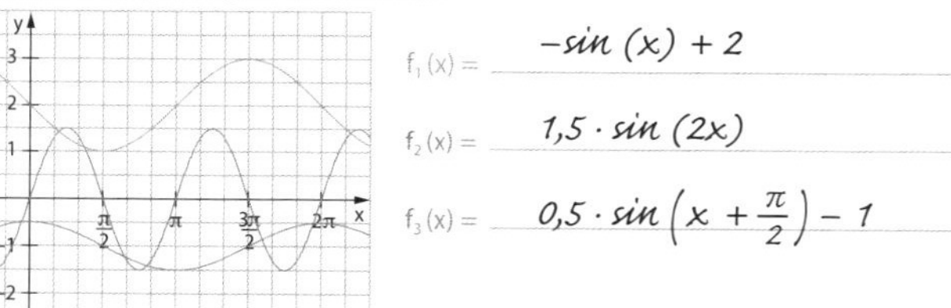

$f_1(x) =$ $-\sin(x) + 2$

$f_2(x) =$ $1{,}5 \cdot \sin(2x)$

$f_3(x) =$ $0{,}5 \cdot \sin\left(x + \frac{\pi}{2}\right) - 1$

Kosinusfunktion

1 **a)** Trage die fehlenden Werte in die Tabelle ein.

x	0	$\frac{1}{4}\pi$	$\frac{1}{2}\pi$	$\frac{3}{4}\pi$	π	$\frac{5}{4}\pi$	$\frac{3}{2}\pi$	$\frac{7}{4}\pi$	2π
cos x	*1*	*0,71*	*0*	*−0,71*	*−1*	*−0,71*	*0*	*0,71*	*1*

b) Zeichne den Graphen der Funktion $f(x) = \cos x$ in das vorgegebene Koordinatensystem.

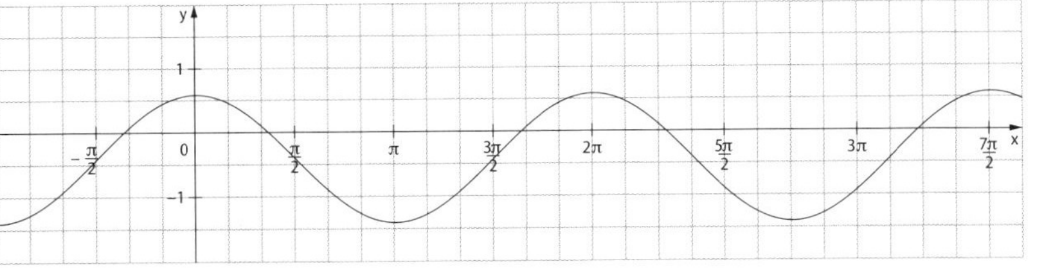

2 Ordne jeweils den abgebildeten Funktionsgraphen eine Funktionsgleichung zu, die die Kosinusfunktion enthält. Finde eine alternative Funktionsgleichung mithilfe der Sinusfunktion.

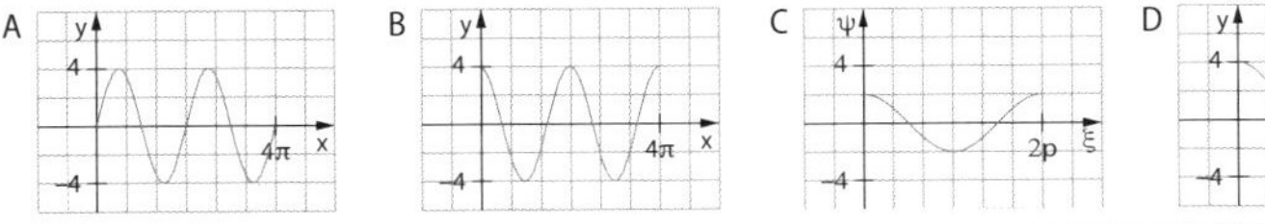

Funktionsgleichung	Graph	Mögliche Funktionsgleichung einer Sinusfunktion
a) $f(x) = 2\cos x$		$f_1(x) = 2 \cdot \sin\left(x + \frac{\pi}{2}\right)$ oder $f_2(x) = -2 \cdot \sin\left(x - \frac{\pi}{2}\right)$
b) $f(x) = 3\cos x + 1$		$f_1(x) = 3 \cdot \sin\left(x + \frac{\pi}{2}\right) + 1$ oder $f_2(x) = -3 \cdot \sin\left(x - \frac{\pi}{2}\right) + 1$
c) $f(x) = -4\cos(x - \pi)$		$f_1(x) = 4 \cdot \sin\left(x + \frac{\pi}{2}\right)$ oder $f_2(x) = -4 \cdot \sin\left(x - \frac{\pi}{2}\right)$
d) $f(x) = 4\cos\left(x - \frac{\pi}{2}\right)$		$f_1(x) = 4 \cdot \sin x$ oder $f_2(x) = -4 \cdot \sin(x - \pi)$

3 Bestimme den zugehörigen Funktionsterm zum Graph einer Kosinusfunktion

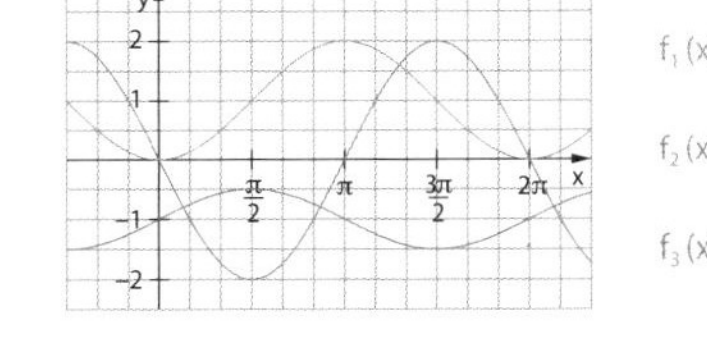

$f_1(x) =$ *$-\cos(x) + 1$*

$f_2(x) =$ *$-2 \cdot \cos\left(x - \frac{\pi}{2}\right)$*

$f_3(x) =$ *$0{,}5 \cdot \cos\left(x - \frac{\pi}{2}\right) - 1$*

Schülerbuch Seite 158

Periodische Vorgänge im Alltag

1 **a)** Übertrage die Höhen, die die Zeigerspitze der Uhr bei den Stundenmarkierungen erreicht, in das Koordinatensystem und vervollständige den Graphen.

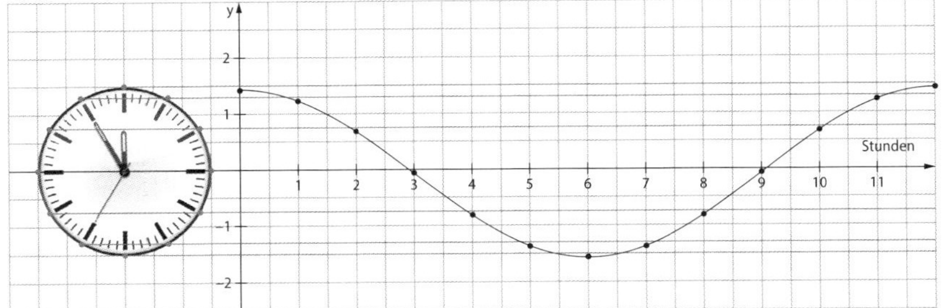

b) Der Funktionsterm unterscheidet sich von denjenigen, die du bisher kennen gelernt hast, dadurch, dass man beim Sinus keine Winkelmaße in Grad einsetzt, sondern reelle Zahlen (die Anzahl der Stunden). Einer der folgenden Funktionsterme ergibt den obigen Graphen. Finde es heraus, indem du ein Geometrieprogramm verwendest oder einige Werte einsetzt (z. B. x = 2, x = 3, …).

☐ $y = 1{,}5 \cdot \sin\frac{\pi \cdot (x+3)}{2}$ ☐ $y = 1{,}5 \cdot \sin x$ ☒ $y = 1{,}5 \cdot \sin\frac{\pi \cdot (x+3)}{6}$ ☐ $y = 1{,}5 \cdot \sin\frac{\pi \cdot x}{6}$

2 Der Wasserstand auf der Nordseeinsel Norderney schwankt zwischen 1 m bei Niedrigwasser und fast 3 m Flut bei Hochwasser. Die Schwankung des Wasserstandes lässt sich in Abhängigkeit von der Zeit x (in Stunden nach Niedrigwasser) näherungsweise durch $f(x) = a \cdot \cos\left(\frac{x}{6\pi}\right) + c$ beschreiben, wobei die Parameter a und c in Metern gemessen werden.

a) Bestimme die Parameter a und b. Beschreibe dein Vorgehen.

Der mittlere Wasserstand liegt bei $\frac{(3\,m + 1\,m)}{2} = 2\,m$. Also muss die Kosinusfunktion um 2 Einheiten nach oben verschoben sein, d. h. c = 2. Die Amplitude beträgt 1 m, der Graph der Funktion ist jedoch gegenüber dem der Kosinusfunktion an der x-Achse gespiegelt. Folglich ist a = −1.

$f(x) = -\cos\left(\frac{1}{6}\pi \cdot x\right) + 2$

b) Skizziere den Wasserstand für einen Tag.

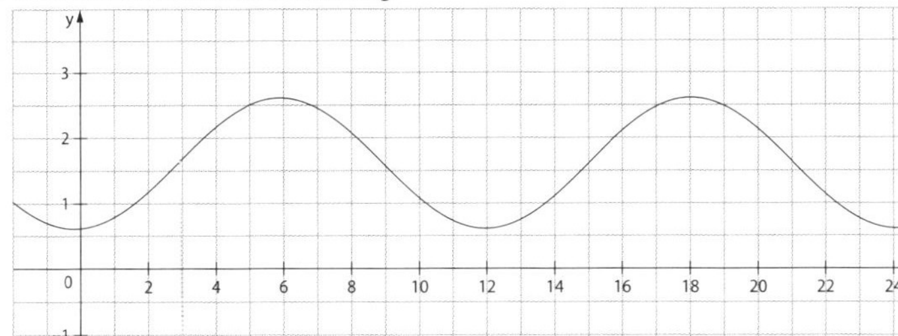

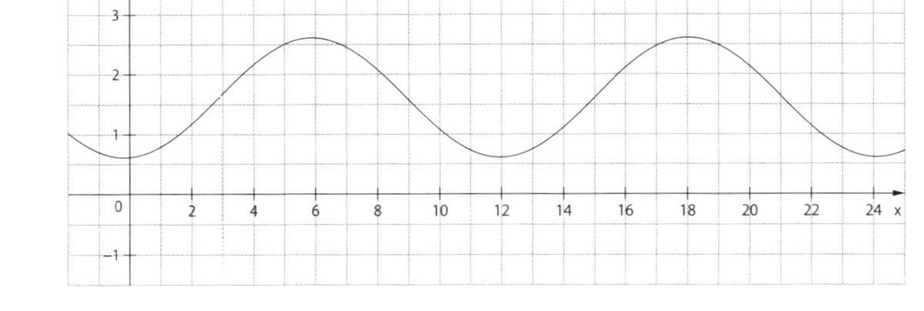

Schülerbuch Seite 160

Funktionen und die Variation ihrer Parameter

1 Ergänze die fehlenden Angaben. x_0 ist die Nullstelle der Funktion.

	Funktionsgleichung	Steigung m	y-Achsenabschnitt t	x_0	Verlauf des Graphen
a)	y = 2x – 5	m = 2	t = – 5	$x_0 = 2,5$	☒ steigend ☐ fallend ☐ parallel zur x-Achse
b)	y = –2,5x + 10	m = – 2,5	t = 10	$x_0 = 4$	☐ steigend ☒ fallend ☐ parallel zur x-Achse
c)	y = 5,5 oder y = 0x + 5,5	m = 0	t = 5,5	keine Nullstelle	☐ steigend ☐ fallend ☒ parallel zur x-Achse

2 Gib die Scheitelpunkte an.
Stelle die Funktionen graphisch dar.

	Gleichung	Scheitelpunkt
a)	$y = x^2 + 6x + 7$	(−3 | −2)
b)	$y = (x + 2)^2 + 1$	(−2 | 1)
c)	$y = (x + 2)^2 - 3$	(−2 | −3)
d)	$y = x^2 - 4x + 1$	(2 | −3)
e)	$y = x^2 - 2x + 1$	(1 | 0)

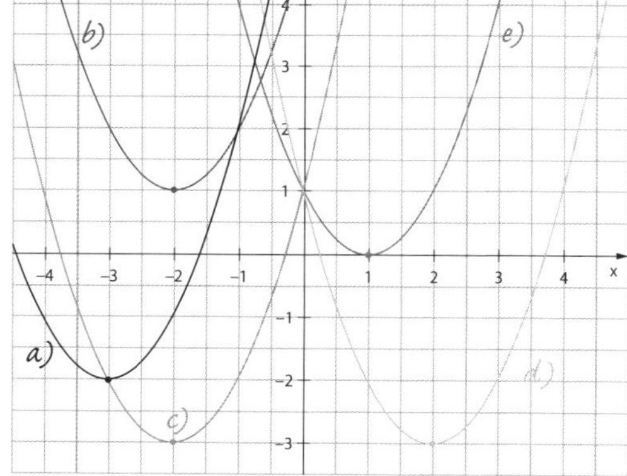

3 Vervollständige ohne Rechnung die Tabelle.

	Funktionsgleichung	Scheitelpunkt	Die Parabel ist … geöffnet nach …	… gegenüber der Normalparabel …
a)	$y = 0,5 \cdot (x + 3)^2$	S(−3 | 0)	☒ oben. ☐ unten.	☒ gestaucht. ☐ gestreckt. ☐ verschoben.
b)	$y = x^2 - 1$	S(0 | −1)	☒ oben. ☐ unten.	☐ gestaucht. ☐ gestreckt. ☒ verschoben.
c)	$y = -2 \cdot (3 - x)^2 - 2$	S(3 | −2)	☐ oben. ☒ unten.	☐ gestaucht. ☒ gestreckt. ☐ verschoben.
d)	$y = (x - 1)^2 + 1$	S(1 | 1)	☒ oben. ☐ unten.	☐ gestaucht. ☐ gestreckt. ☒ verschoben.
e)	$y = -(x - 2)^2 - 1$	S(2 | −1)	☐ oben. ☒ unten.	☐ gestaucht. ☐ gestreckt. ☒ verschoben.

Funktionen und die Variation ihrer Parameter

4 Connor MacLeod, der Held des Highlander-Films, wird im Jahre 1536 unsterblich und lebt deshalb noch heute. Wir nehmen an, dass er vor 450 Jahren den Gegenwert von heute 10 € bei einer Bank hinterlegt hat, die Bank heute noch existiert und keine Geldentwertungen o. Ä. stattgefunden haben.

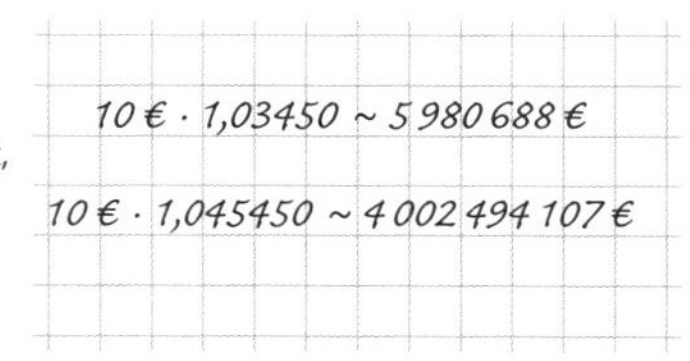

$10\,€ \cdot 1,03^{450} \sim 5\,980\,688\,€$

$10\,€ \cdot 1,045^{450} \sim 4\,002\,494\,107\,€$

a) Berechne den Geldbetrag, auf den das Guthaben nach 450 Jahren bei einem Zinssatz von 3 % (von 4,5 %) angewachsen wäre.

b) Erkläre, welches Diagramm die Entwicklung von Connors Guthaben richtig beschreibt.

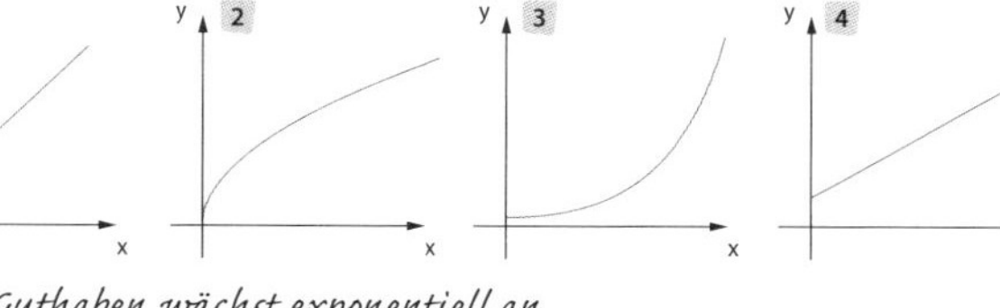

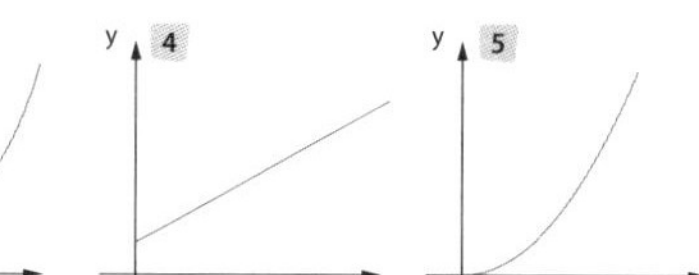

3 Das Guthaben wächst exponentiell an.

5 Stefan möchte sich für sechs Jahre eine Wohnung mieten.

a) Beim Abschluss des Mietvertrages wird eine jährliche Mietsteigerung von 1,1 % vereinbart.
Die Anfangsmiete beträgt monatlich 310 Euro.
Zeige rechnerisch, dass die monatliche Miete im letzten Mietjahr 327,43 € beträgt.

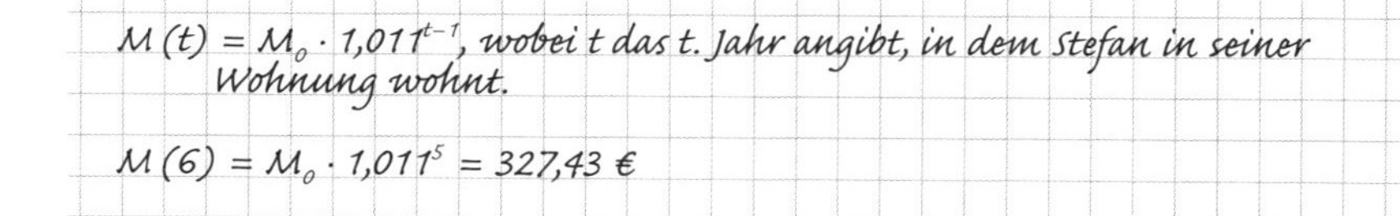

$M_0 = 310\,€$

$M(t) = M_0 \cdot 1,011^{t-1}$, wobei t das t. Jahr angibt, in dem Stefan in seiner Wohnung wohnt.

$M(6) = M_0 \cdot 1,011^5 = 327,43\,€$

6 Nummeriere die Funktionsgleichungen mit den Nummern der zugehörigen Graphen.

4 $y = 1,5 \cdot \sin\alpha$ 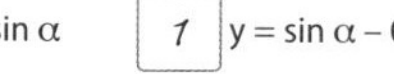 1 $y = \sin\alpha - 0,5$  3 $y = \sin(\alpha + 30°)$ 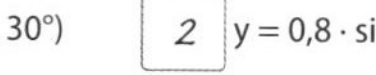 2 $y = 0,8 \cdot \sin\alpha$

1, 2

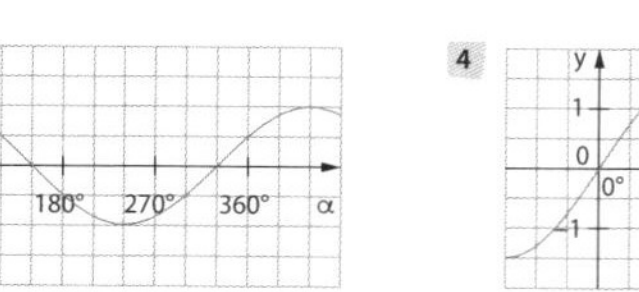

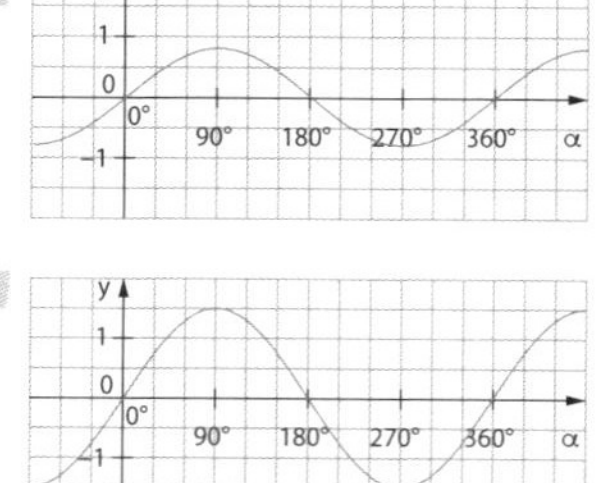

I. Den Zusammenhang zwischen Grad- und Bogenmaß bestimmen

1 Zeichne den zu α gehörigen Kreissektor am Einheitskreis.

$\alpha = 135°$

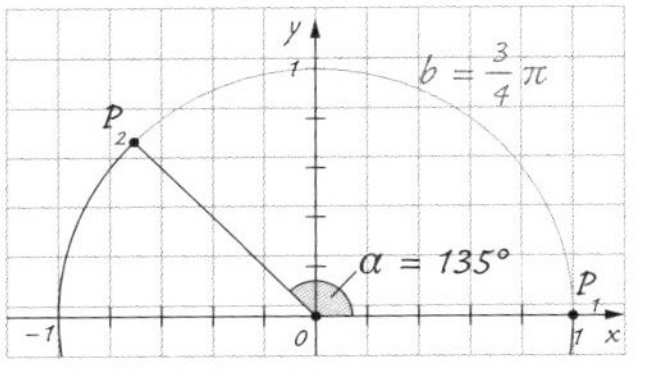

$$b = \frac{135°}{360°} \cdot 2\pi = \frac{3}{4}\pi$$

2 Bestimme ohne Verwendung eines Taschenrechners die fehlenden Werte.

α	90°	150°	15°	67,5°	390°	315°	225°	660°
x	$\frac{\pi}{2}$	$\frac{5 \cdot \pi}{6}$	$\frac{\pi}{12}$	$\frac{3 \cdot \pi}{8}$	$\frac{13 \cdot \pi}{12}$	$\frac{7 \cdot \pi}{4}$	$\frac{5 \cdot \pi}{4}$	$\frac{11 \cdot \pi}{3}$

3 Kreuze richtige Aussagen an.

x	Das Bogenmaß hat als Maßeinheit eine Längeneinheit.
	Für die Umrechnung zwischen Gradmaß und Bogenmaß gilt: $\alpha = \frac{x}{\pi} \cdot 360°$.
	Das Bogenmaß π entspricht dem Umfang eines Kreises mit Radius r = 1 cm.
x	Das Bogenmaß gibt die Länge eines Kreisbogens für den Radius r = 1 cm an, der zu einem Mittelpunktswinkel α gehört.

II. Sinus und Kosinus am Einheitskreis darstellen

4 Bestimme die zugehörigen Sinus- und Kosinuswerte auf zwei Dezimalstellen genau.

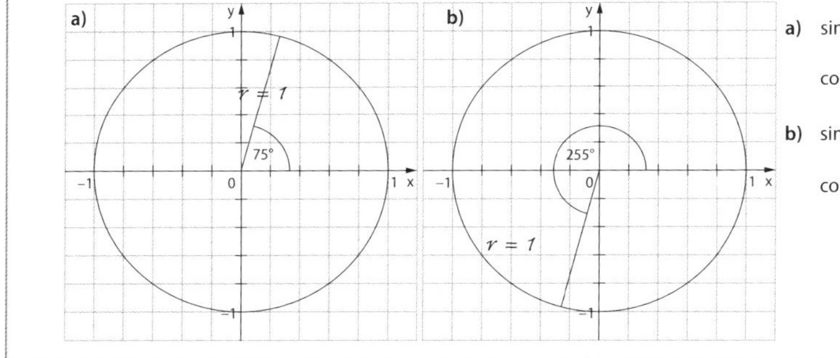

a) sin 75° = 0,97

cos 75° = 0,26

b) sin 255° = −0,97

cos 255° = −0,26

5 Bestimme zeichnerisch am Einheitskreis.

$P_b\left(\cos\left(\frac{\pi}{3}\right); \sin\left(\frac{\pi}{3}\right)\right)$

$P_a(\cos(45°); \sin(45°))$

$P_d(\cos(20\pi); \sin(20\pi))$

$P_c\left(\cos\left(\frac{7}{4}\pi\right); \sin\left(\frac{7}{4}\pi\right)\right)$

a) cos 45° = 0,71

b) $\cos\frac{\pi}{3}$ = 0,5

c) $\sin\frac{7}{4}\pi$ = −0,71

d) sin 20π = 0

III. Die Sinusfunktion anwenden

6 Ordne den Funktionsgleichungen die Nummern der zugehörigen Graphen zu.

4 $y = 1{,}5 \cdot \sin\alpha$ | 1 $y = \sin\alpha - 0{,}5$ | 3 $y = \sin(\alpha + 30°)$ | 2 $y = 0{,}8 \cdot \sin\alpha$

1 2 3 4

7 Bestimme alle Nullstellen der Sinusfunktion im Intervall $0 \leq x \leq 4\pi$.

a) $y = \sin x$ Nullstellen: $0; \pi; 2\pi; 3\pi; 4\pi$

b) $y = 2 \cdot \sin x$ Nullstellen: $0; \pi; 2\pi; 3\pi; 4\pi$

c) $y = \sin(x + \frac{1}{3}\pi)$ Nullstellen: $\frac{2}{3}\pi; \frac{5}{6}\pi; \frac{8}{3}\pi; \frac{11}{3}\pi$

d) $y = 3 \cdot \sin(x - \frac{2}{9}\pi)$ Nullstellen: $\frac{2}{9}\pi; \frac{11}{9}\pi; \frac{20}{9}\pi; \frac{29}{9}\pi$

Teil	Ich kann bei einfachen Aufgaben …	Aufgaben	Kreuze an. 0–2	3–4	5–6
I.	den Zusammenhang zwischen Grad- und Bogenmaß bestimmen.	1, 2, 3	☹	😐	☺
II.	Sinus und Kosinus am Einheitskreis darstellen.	4, 5	☹	😐	☺
III.	die Sinusfunktion anwenden.	6, 7	☹	😐	☺